Mayra Alejandra Vasquez Nieto

LAS CIENCIAS NATURALES EN EL CONTEXTO DE LA FORMACIÓN DOCENTE

Mayra Alejandra Vasquez Nieto

LAS CIENCIAS NATURALES EN EL CONTEXTO DE LA FORMACIÓN DOCENTE

Visión integrativa de la Formación Docente

Editorial Académica Española

Imprint

Any brand names and product names mentioned in this book are subject to trademark, brand or patent protection and are trademarks or registered trademarks of their respective holders. The use of brand names, product names, common names, trade names, product descriptions etc. even without a particular marking in this work is in no way to be construed to mean that such names may be regarded as unrestricted in respect of trademark and brand protection legislation and could thus be used by anyone.

Cover image: www.ingimage.com

Publisher:
Editorial Académica Española
is a trademark of
Dodo Books Indian Ocean Ltd. and OmniScriptum S.R.L publishing group

120 High Road, East Finchley, London, N2 9ED, United Kingdom
Str. Armeneasca 28/1, office 1, Chisinau MD-2012, Republic of Moldova, Europe
Printed at: see last page
ISBN: 978-613-9-41002-6

ÍNDICE GENERAL

LISTA DE CUADROS

LISTA DE GRÁFICOS

GRÁFICO   **pp**

LISTA DE FIGURAS

REPÚBLICA BOLIVARIANA DE VENEZUELA
UNIVERSIDAD BICENTENARIA DE ARAGUA
VICERRECTORADO ACADÉMICO
DECANATO DE INVESTIGACION, EXTENSION Y POSTGRADO
SAN JOAQUIN DE TURMERO- ESTADO ARAGUA

LAS CIENCIAS NATURALES EN EL CONTEXTO DE LA FORMACIÓN DOCENTE. UNA VISIÓN DE INTEGRACIÓN

AUTORA: MSc. Mayra Vásquez
TUTORA: Dr. Crisálida Villegas
AÑO: 2016

RESÚMEN

La investigación tuvo como propósito generar una visión de integración de la enseñanza de las Ciencias Naturales en el contexto de la Formación de Docentes. Se fundamentó en las teorías de la Pedagogía de la Integración (Roegiers, 2007), de la Transdisciplinariedad (Nicolescu, 1999), de la Comprensión (Perkins, 2003). El abordaje epistemológico se realizó desde la perspectiva del enfoque Integrador Transcomplejo, bajo los métodos mixtos, empleándose para la vertiente cualitativa la fenomenología y la hermenéutica y para la vertiente cuantitativa el estudio explicativo bajo el método inductivo. Las técnicas e instrumentos que se emplearon fueron: la observación participante/ el diario de campo/ la entrevista a profundidad/ guía de preguntas/ cuestionario y la encuesta, apoyados por la cámara fotográfica y la grabadora. El escenario de investigación fue la Universidad Pedagógica Experimental Libertador Rafael Alberto Escobar Lara en Maracay estado Aragua, el Departamento de Biología, en las cátedras de Fundamentos de Biología, Química y Física. La muestra censal estuvo conformada por 90 estudiantes. Así como nueve informantes clave, tres docentes, y seis estudiantes, seleccionados según criterios establecidos. Se pudo concluir que la praxis docente es descontextualizada de la realidad, los docentes son resistentes al cambio, los estudiantes pasivos y los programas desactualizados. A tales efectos se generaron los cuatro constructos teóricos: Ambientes de Aprendizaje Interarticulados, Los Encuentros de Saberes, La planificación Integradora con otras Ciencias y Los Equipos de Trabajos Integradores.

Palabras Clave: Integración, Ciencias Naturales, Formación Docente

INTRODUCCIÓN

En el siglo XXI, el impacto social de la ciencia y el conocimiento científico son significativos para el ser humano al explicar su propia naturaleza y el mundo que lo rodea. Por esto el estudio de las ciencias naturales no debe hacerse desligado de la realidad, sino por el contrario integrándose para la comprensión de los procesos biológicos. En este proceso es fundamental la acción del docente y por ende su formación.

En el proceso de formación del docente de Biología, el conocimiento científico debe conllevar a la percepción mediante los sentidos de un sujeto que puede conocer o de un objeto que puede ser conocido. De ahí, que el hombre realiza asociaciones que permiten organizar, codificar y reproducir las imágenes sensoriales que se han almacenado en la memoria y relacionarlas con la realidad circundante, para poder integrar las diferentes áreas del conocimiento científico mediante el uso de diferentes estrategias y metodologías para la enseñanza de la biología.

Es por ello que el estudio genera una visión de integración de la enseñanza de las ciencias naturales en el contexto de la formación docente. El estudio se realiza en la Universidad Pedagógica Experimental Libertador Rafael Alberto Escobar Lara en Maracay, estado Aragua, específicamente en el Departamento de Biología donde se observa la enseñanza fragmentaria y reduccionista de las ciencias naturales, específicamente en las asignaturas Fundamentos de Biología, Química y Física, esto se evidencia en el bajo rendimiento en estos cursos y por ende en la represión y deserción en los mismos por parte de los estudiantes de la especialidad.

Mediante esta investigación, tanto el estudiante como el docente, reflexionan en relación a la necesidad de interrelacionar estas asignaturas con sus ciencias auxiliares. Lo planteado es producto de la observación preliminar realizada por la investigadora como docente del área de ciencias en la UPEL, por lo que se requiere un estudio profundo con la finalidad de generar conocimientos que permitan soluciones a la problemática planteada.

Desde el punto de vista teórico este trabajo se fundamenta en los postulados de Rogiers (2007) y Perkins (2003). En cuanto a lo metodológico se ubica en el enfoque Epistemológico Transcomplejo y el Método Mixto comprendido en Explicativo (Cuantitativo) y Fenomenológico Hermenéutico (Cualitativo).

El informe de tesis doctoral está estructurado en cinco capítulos. El primero, Perspectiva de la Realidad, describe la caracterización de la realidad investigada; los objetivos y la justificación. El segundo, Perspectiva Teórica, presenta los temas y subtemas que sustentan el estudio. El tercero, Contexto Metodológico, presenta el enfoque epistemológico, el método seleccionado, así como el procedimiento de la investigación. El cuarto, presenta los Resultados del estudio en función de los objetivos planteados. El quinto la Construcción Teórica, estructurada en presentación, fundamentación, estructuración y aportes. Por último se presentan las referencias.

.

CAPÍTULO I

PERSPECTIVA DE LA REALIDAD

Caracterización de la Realidad

En la actualidad la integración de las Ciencias Naturales para favorecer su comprensión, sobre todo por parte de futuros docentes representa uno de los retos más relevantes de este siglo, en el marco de la concepción social de la ciencia y la tecnología. En este sentido, la interrelación coherente de contenidos científicos, químicos, biológicos y físicos con un enfoque armónico e integrador requiere de un nivel de generalización de gran complejidad y aporte transdisciplinar para su comprensión.

La necesidad de integrar las ciencias, se ha profundizado en los últimos años debido a las exigencias y a la iniciativa del Ministerio del Poder Popular para la Educación Universitaria Ciencia y Tecnología (2014), de formar profesionales integrales en todo los ámbitos y muy en especial en la formación de los profesores de las áreas críticas como Biología, Física, Química y Matemática las cuáles son ciencias, que integradas de manera transdisciplinaria, ayudan a comprender los diferentes fenómenos que constituyen la vida.

Esto se evidencia en los principios de la educación científica universitaria actual, que debe garantizar el derecho pleno a una educación integral, permanente, continúa y de calidad; con formación en conocimientos científicos y principalmente en valores que garanticen la participación ciudadana en la valoración del impacto social de la ciencia como lo describe el Ministerio del Poder Popular para la Educación Universitaria Ciencia y Tecnología (2014).

En consideración a lo cual, Pozo (2013), señala que la filosofía de la enseñanza integradora de la ciencia, es una de las principales fuentes de hipótesis sobre el modo de aprender las teorías que explican el aprendizaje humano de conceptos científicos. Es por ello, que la UNESCO (2013), incorpora políticas y lineamientos educativos en el nuevo diseño curricular concebido para formar a los nuevos profesionales de la docencia.

Vale destacar, la idea de Valbuena y col (2010), en cuanto que "la enseñanza de la Biología demanda transformar e integrar diferentes conocimientos y saberes para llegar a la estructuración de contenidos" (p.4). De ahí que Orlay (2007), señala que el profesor de Ciencias Naturales requiere un conocimiento que le permita interrelacionar e integrar conocimientos científicos y cotidianos; de igual manera debe hacerlo con los conocimientos psicopedagógicos y su experiencia profesional, para transformar la estructura lógica disciplinar de los aprendizajes que se aspira que el estudiante construya.

En concordancia a lo descrito, el docente debe buscar que los estudiantes aprendan de manera integral y transdisciplinaria para que puedan interrelacionar contenidos de las ciencias auxiliares de la biología. En este sentido, Gutiérrez y col (2003), plantean que las ciencias naturales son un cuerpo acabado de conocimientos e interpretaciones, que deben estar correlacionados con otras ciencias tales como la física, la química y la biología para su comprensión integrada.

En este orden de ideas, la UNESCO (2013), menciona que uno de los grandes retos para la educación del siglo XXI, es la integración de las ciencias, que representan nuevos modos de expresión y por tanto nuevos modelos de participación y recreación cultural-científica. Así mismo, resulta importante destacar que dentro de la enseñanza y aprendizaje integral de las ciencias, se plantea un objetivo fundamental que según Pinto (2010) se basa en:

> Desarrollar en el estudiante el pensamiento científico que le permita contar con una teoría integral del mundo natural en el contexto de un proceso de desarrollo humano, integral, equitativo y sostenible que le proporcione una concepción de sí mismo y de sus relaciones con la sociedad y la naturaleza armónica con la preservación de la vida, por lo que la enseñanza de las ciencias naturales favorece la comprensión de conceptos, el ensayo y la ejercitación de procedimientos y actitudes que les permita participar activamente de una cultura reflexiva y critica ante la información (p.9).

En este contexto, se debe asumir la realidad multidimensional de la ciencia que debe practicarse en los distintos niveles educativos. De ahí que es esencial considerar estos planteamientos en la formación de docentes, que son los guías de las nuevas generaciones. En especial en la Universidad Pedagógica Experimental Libertador, por ser la institución encargada de formar los futuros docentes con las competencias necesarias que propone el Ministerio de Educación Universitaria Ciencia y Tecnología (2014), conjuntamente con el Ministerio del Poder Popular para la Educación (2007), para promover la enseñanza de las ciencias naturales integrada.

Sin embargo, en la actualidad se puede percibir a través de observaciones realizadas por la investigadora; que la enseñanza de la biología se hace de manera reduccionista obviando el uso de las ciencias auxiliares como: la física, química; lo que se evidencia en un aprendizaje parcelado, aislado de la realidad y descontextualizado de los saberes científicos actuales.

De acuerdo a Monteiro (2005), el docente al exponer el contenido dialogando con los estudiantes recurre a lecturas del libro, corrección de trabajos de casa, actividad de dibujos e interacción profesor- estudiantes. Siendo más fuerte el flujo de la información referida a la ciencia en la dirección profesor-estudiante que a la inversa. Lo planteado evidencia dos creencia de los profesores que se corresponde con el hecho que la principal fuente de información lo constituyen el profesor y el libro; en correspondencia la otra creencia es que para aprender es fundamental que los estudiantes presten atención.

En relación a lo anterior vale señalar, que en los últimos años en Latinoamérica, se enseña la ciencia desde una perspectiva didáctica experimental, lo que evidencia los conocimientos individualizados en relación con la preponderancia del conocimiento científico y de los procesos de elaboración de estos, como un elemento esencial para el análisis y fundamentación de las diferentes disciplinas del saber. De acuerdo a Mellado y Carracedo (2012), esto se hace descartando otros saberes de igual importancia, tales como la correlación con el contexto. Por lo general los docentes no integran los contenidos teóricos con la realidad que viven a diario los estudiantes, reivindicando la educación tradicional de conocimientos científicos.

En países de América Latina como Colombia, Chile y México, según Campanario (2012), se han realizado importantes esfuerzos para incentivar la enseñanza integradora de las ciencias en el nivel universitario, observándose algunos cambios, aunque no muchas veces favorables porque la mayoría de los docentes prefieren no abordar los contenidos que implican una posición crítica frente a lo que siempre se ha hecho.

Por su parte, en países como Chile y México, según la misma fuente, se desarrollaron políticas educativas donde se garantiza la integración de los aprendizajes gracias a la interdisciplinariedad, debido a que por muchos años se trabajó la educación individualizada de las ciencias, la cual no produjo aprendizajes significativos en los estudiantes, ni desarrolló el perfil integrador que se esperaba.

Observaciones realizadas por la investigadora en su contexto la laboral el Departamento de Biología de la UPEL Maracay, le permiten señalar que los futuros docentes de Biología manifiestan desinterés por cursar algunas asignaturas relacionadas con las Ciencias Naturales, a pesar de ser su especialidad, lo que genera estudiantes represados en la continuidad de su pensum de estudios, debido a que estas cátedras son prelación de otras, lo que revela un desequilibrio pedagógico entre las referidos cursos, ya que uno es prosecución de otra .

Específicamente en las cátedras Fundamentos de Biología, Química y Física se evidencia una enseñanza parcelada de los conocimientos científicos, lo que conlleva que los estudiantes no interrelacionen con los conocimientos previos. Esto trae consigo altos índices de estudiantes aplazados por una parte, los cuales superan un 50% para Fundamentos de Química y Física y un 30% en fundamentos de Biología según estadísticas suministradas por cada uno de los departamentos en el período académico 2014- II.

Por otra parte, se evidencia la dificultad para comprender los diferentes procesos y fenómenos que se describen en cada una de los cursos descritos. Por ejemplo cuando se estudian los elementos químicos presentes en las biomoléculas orgánicas incluidos en el programa de Fundamentos de Química, se obvian a estudiarlos en Fundamentos de Biología y de igual manera, al estudiar las leyes que rigen los cambios químicos en la materia viva que se incluye en Fundamentos de Física.

De allí el interés de investigar la temática, ya que de no intervenir la situación, a corto plazo seguirá aumentando el desinterés por estudiar estas asignaturas; a mediano plazo se seguirá evidenciando bajo rendimiento y a largo plazo aumentarán los represados y la deserción en las asignaturas. Por otra parte, las debilidades en la formación docente proporcionan poco estímulo para llevar innovaciones a la clase de ciencias. Al respecto Valeiras y Meinardi (2007), plantean que al abordar los contenidos alejados de la realidad de los estudiantes, desencadena falta de interés y poco atractivo para estudiar.

Tal situación de desinterés por parte de docentes y estudiantes en integrar las ciencias puede deberse a múltiples y variados intervinientes, entre estos el incumplimiento de las políticas educativas actuales en torno a la educación integradora, las cuales se dejan a un lado debido a la falta de recursos presupuestarios en las universidades para dotar los laboratorios con miras a realizar clases teórico- prácticas en estas asignaturas.

Otro elemento fundamental son las nociones epistemológicas sobre la enseñanza de las ciencias que según Ravanal (2009), son de carácter tradicional-dogmático, que se ven fortalecidas por fragmentos teóricos en los docentes que dificultan una postura coherente sobre la enseñanza que piensan, que declaran y la que realmente llevan al aula. Las visiones epistemológicas instaladas en los docentes acerca de la naturaleza de las ciencias, son barreras difíciles de comprender, ya que van a depender de los intereses y necesidades de los estudiantes.

En el mismo orden de ideas, de acuerdo a Orlay (2007), las concepciones de la naturaleza del conocimiento biológico pueden incidir en la enseñanza. Así las visiones más empíricas y positivistas podrían corresponderse con perspectivas más simplificadoras y reduccionista en la organización de contenidos y actividades de enseñanza. Mientras que concepciones sistémicas, favorecen la enseñanza y aprendizaje de conceptos integrados.

Tomando como referente lo antes señalado, la investigación aspira responder la siguiente interrogante: ¿Qué aspectos se deben considerar en los constructos teóricos acerca de la enseñanza de las ciencias naturales desde una visión de integración en la formación de docentes?

Objetivos de la Investigación

Objetivo General

Generar constructos teóricos acerca de la enseñanza de las Ciencias Naturales desde una visión de integración en la Formación de Docentes.

Objetivos Específicos

Interpretar la realidad en torno a la Enseñanza de las Ciencias Naturales en la Formación de Docentes de Biología en la UPEL, Maracay.

Explicar los aspectos relacionados con los docentes, estudiantes, programas, instituciones y sociedad, que intervienen en la enseñanza de las Ciencias Naturales y en la formación de docentes en la universidad caso de estudio.

Integrar constructos teóricos acerca de la enseñanza de las Ciencias Naturales en la formación de docentes.

Justificación de la Investigación

La integración de las ciencias, juega un papel fundamental en la educación interdisciplinaria que se debe promover en cualquier nivel educativo, ya que permite la asociación de conocimientos, ofreciendo aprendizajes vanguardistas, innovadores y actualizados que desarrollan inteligencias múltiples en los individuos en su crecimiento intelectual, razón por la cual se deriva un cambio social y genera una evolución en la enseñanza y aprendizaje de conocimientos científicos, es por ello, que desde esta perspectiva se justifica esta investigación.

En relación a lo mencionado, el estudio se basará en la necesidad de generar teorías que permitan integrar las ciencias y ayuden con el mejoramiento de procesos intelectuales en los estudiantes, así como también en el desarrollo de sus habilidades y destrezas metacognitivas, por lo que se generan diversos puntos de vista fundamentales para justificar este estudio que se plantean a continuación.

Desde el punto de vista pedagógico, este estudio es de interés para la didáctica de la biología, ya que responde a las exigencias y necesidades de la educación actual; porque al generar constructos teóricos que pudieran ser aplicados forman conocimientos integradores y significativos que pueden brindar apoyo y solución a la problemática en la enseñanza y aprendizaje de tópicos de las ciencias naturales.

En relación a lo investigativo, este estudio representa un aporte a los procesos de enseñanza y aprendizaje significativos en cuanto a las diferente teorías del conocimiento que facilitan tanto en estudiantes como en docentes el cómo hacer la integración de conocimientos científicos de forma interdisciplinaria en la enseñanza biológica por lo que hace relevancia en su ubicación dentro de la línea de investigación Educación, Pedagogía y Didáctica.

Ahora bien, tomando en consideración el ámbito sociocultural se justifica la investigación al generar constructos teóricos, que permiten tanto a los alumnos como a los profesores mantener una relación dinámica, interactiva e integradora de las ciencias naturales en su acción pedagógica, donde la interdisciplinariedad está fundamentada en una concepción para repensar la realidad como totalidad dinámica, cuyos procesos ocurren por la interacción de sus elementos presentes en su cotidianidad sociocultural que consideren la educación en todos los niveles como proceso mediador de conocimientos de la realidad.

Desde la perspectiva social, este estudio se justifica porque contribuye a reconstruir de forma positiva el acercamiento al mundo del conocimiento científico de manera integral, reforzando los criterios que permiten el desarrollo adecuado del área científica en la formación del ciudadano que necesita la sociedad actual, el cual debe estar inclinado a la investigación y a la integración de los conocimientos de manera holística para ser garante del uso de las ciencias como herramienta propulsora del desarrollo de la humanidad.

En lo teórico, este estudio ofrece orientaciones que ayudan al formador de formadores con el desarrollo de la enseñanza científica desde la perspectiva teórico –práctica donde se desarrolle la experimentación propia de las ciencias para comprender, observar, interpretar y sobre todo reflexionar la praxis pedagógica actual.

Desde el punto de vista práctico, se considera una nueva visión para el arte de enseñar las ciencias naturales y un camino integrador para la reconstrucción de los conocimientos básicos de las ciencias, para relacionar la teoría y la práctica y de esta manera incentivar las capacidades metacognitivas de los estudiantes a través de un aprendizaje organizacional de manera colectiva.

En este mismo orden de ideas, los aportes de este estudio están dirigidos a potenciar la integración de conocimientos, así como también a garantizar el quehacer teórico-práctico, para que se realicen analogías que permitan comprender los diferentes procesos biológicos que se describen en los seres vivos, haciendo énfasis en la acción educativa como factor primordial en el desarrollo socio-cultural y científico de la educación. Así mismo esta investigación permite la indagación y se puede utilizar como punto de inicio para derivar nuevas investigaciones relacionadas con el tema en estudio.

En este sentido, el estudio desarrolla epistemológicamente los diferentes planteamientos de las teorías con el fin de repensar la realidad y los procesos de construcción y reconstrucción de los conocimientos científicos basados en los intereses constitutivos que emergen de las acciones y comportamientos mentales de las clases teórico-prácticas propias de la enseñanza de las ciencias; asociada a su vez con el conocimiento empírico y analítico propio de la experimentación científica.

CAPÍTULO II

PERSPECTIVA TEÓRICA

La Formación del Docente Contemporáneo

El concepto de formación implica una acción profunda ejercida sobre el sujeto, tendiente a la transformación de todo su ser, que apunta simultáneamente sobre el saber-hacer, el saber-obrar y el saber pensar, ocupando una posición intermedia entre educación e instrucción, como lo describe Gorodokin (2003). Concierne a la relación del saber con la práctica y toma en cuenta la transformación de las representaciones e identificaciones en el sujeto que se forma en los planos cognoscitivos, afectivos y sociales orientando el proceso mediante una lógica de estructuración, no de acumulación.

Para Bachelard (2003), la formación es fundamentalmente deformación, destrucción, reforma, corrección y rectificación de prácticas de pensamiento y acción que obstaculizan la formulación y resolución de problemas de orden superior, manifestándose tanto a nivel del proceso epistémico de formación conceptual en la historia de las ciencias como en los procesos de formación del sí, en la génesis psicológica y pedagógica de formación individual de conceptos.

Para Achilli (2000), la formación docente puede comprenderse como un proceso en el que se articulan prácticas de enseñanza y de aprendizaje orientadas a la configuración de sujetos docentes/enseñantes. La práctica docente se concibe en un doble sentido: como práctica de enseñanza, propia de cualquier proceso formativo y como apropiación del oficio de docente, cómo iniciarse, perfeccionarse y actualizarse en la práctica de enseñar.

La formación docente está asociada desde esta perspectiva a la emergencia de nuevas maneras de concebir el conocimiento y el proceso de la ciencia. En general, plantea nuevas interrogantes según las cuales no existen verdades absolutas, sino que su estatuto será siempre provisional y desde esta perspectiva se intenta estudiar la formación docente en sus categorías de análisis más importantes: la práctica pedagógica y el saber pedagógico, como lo señala Díaz (2003).

Es importante destacar, como lo describe el mencionado autor que en toda acción educativa está en juego un conjunto de valores que sustentan fines que a su vez corresponden a una imagen de hombre en una sociedad determinada y que se difunden de manera sistemática y metódica. Lo que orienta y sustenta a la educación es la finalidad, es la respuesta al ¿Para qué educar? No hay sociedad que no tenga un perfil humano acorde con los intereses predominantes, a la cosmovisión que se acepta como representativa del colectivo que es la que se entrega mediante la acción pedagógica a las generaciones de relevo.

Dentro de la formación docente se deben considerar las competencias Docentes que para Monereo (2010), se refiere al conjunto de conocimientos y estrategias que pueden permitir a un docente afrontar con éxito los problemas, conflictos y dificultades que de forma más habitual se le presentan durante su ejercicio profesional. También deberían incluirse problemas de carácter emergente, es decir aquellos que realizando un cierto análisis prospectivo, se puede prever de su presencia cada vez más evidente en las aulas y una influencia progresivamente mayor en los procesos de enseñanza y aprendizaje.

Como puede observarse, desde esta concepción, el protagonismo de las competencias profesionales se desplaza a la identificación y análisis de aquellos problemas profesionales, prototípicos y emergentes, que el profesor deberá encarar. Dentro de las competencias que debe desarrollar el docente para el autor citado con anterioridad se tienen:

Representaciones sobre el rol profesional. Se refiere a las funciones que el docente considera que debe desempeñar y que tienen un fuerte componente institucional. Por ejemplo, en la enseñanza obligatoria suelen adoptarse roles distintos cuando el docente se define como tutor, más preocupado por los procesos madurativos y socio psicológicos del estudiante, educador en un sentido amplio, interesado en una formación completa del discente en calidad de ciudadano, o cómo profesor de ciencias naturales cuya labor debe consistir en transmitir ese corpus de conocimiento.

Por su parte, en la educación universitaria, a los anteriores roles se suman al menos otros dos el de profesional, centrado en mostrar las experiencias y formas de proceder en una profesión, y el de investigador, preocupado por exponer los datos que aporta la ciencia, usualmente a partir de estudios propios o de trabajos próximos a los enfoques epistemológicos del docente.

Representaciones sobre la enseñanza y el aprendizaje. Referidas al conjunto de creencias y concepciones que poseen los docentes sobre qué significa enseñar y aprender una materia, y especialmente qué significa enseñar y aprender su materia. Se trata pues del conjunto de teorías y principios que de forma más o menos consciente explican (y auto-explican) las decisiones del profesor sobre cómo debe enseñar una determinada asignatura para que los estudiantes la aprendan del mejor modo posible. Integra pues tanto el qué debe enseñarse (conocimiento curricular), como el dónde, cuándo y cómo debe hacerse (conocimiento didáctico).

Dentro de este mismo ámbito, se puede citar el trabajo doctoral de Gómez (2012), titulado Teorías implícitas de los profesores de ciencia y sus acciones en el aula, el cual tuvo como intención indagar la relación que existe entre las teorías implícitas que tienen los docentes acerca de la enseñanza y su práctica educativa. El contexto de estudio fue en el Instituto Tecnológico de Estudios Superiores de Occidente, en México.

El enfoque metodológico fue el cualitativo, dado que es útil para estudiar las actividades del aula y los procesos de pensamiento de los profesores. La unidad de análisis de este estudio fue el profesor y la observación se centró en el método pedagógico, que incluye su práctica educativa y las teorías implícitas que la guían. Las observaciones se realizaron en 16 grupos de las 22 licenciaturas que ofrece la universidad. Se consideró, al menos, una materia de cada departamento académico.

Los 16 profesores observados y entrevistados fueron hombres y mujeres en la misma proporción, impartían asignaturas centrales en los programas académicos, algunos eran de tiempo fijo y otros, variable. La mitad de ellos había cursado un diplomado para el desarrollo de las habilidades académicas. Se video grabaron 102 horas de clase; se tuvieron 16 entrevistas profundas; se entrevistaron algunos estudiantes participantes en los cursos; y se recolectaron artefactos socioculturales como programas de estudio y exámenes.

Los resultados mostraron que existen dos tipos de prácticas educativas de los profesores: uno puede denominarse constructivista y el otro trasmisionista. Independientemente del tipo de práctica, en la mayoría de los casos se advirtió una estrecha relación entre la teoría implícita de la educación sustentada y las actividades pedagógicas. A esta relación estrecha se le llamó isomorfismo (igualdad de estructura) y a partir de ella se elaboró una tipología de creencias de los profesores.

Los hallazgos denotaron una fuerte relación entre las teorías implícitas de los profesores y sus actividades en el aula lo cual tiene implicaciones importantes para la formación de docentes, ya que por una parte, refleja la ingenuidad de la idea de que los cursos de capacitación ayudarán automáticamente a que los profesores modifiquen su práctica pedagógica, pues éstos no desarrollan su conocimiento sobre educación a través de una abstracción reflexiva de su práctica, sino mediante un proceso de ensayo y error durante su experiencia en el campo.

En este sentido, se puede plantear que los profesores al asistir a cursos de capacitación, tenderán a adquirir elementos pedagógicos consonantes con sus teorías implícitas, por lo que perpetuarán sus prácticas habituales, quizá de manera más refinada, pero sin un cambio de fondo. En este orden de ideas, una de las maneras de contribuir a la formación de profesores sería ayudándolos a mejorar su reflexión sobre la práctica educativa.

Representaciones sobre los sentimientos asociados a la docencia. En este ámbito representacional se encuentran los distintos procesos afectivos que impulsan y provocan las actuaciones docentes, tanto de signo positivo (motivación) como negativo (inseguridad, vulnerabilidad), y que están vinculados al reconocimiento profesional, a la auto-evaluación personal y a la evaluación institucional.

La Formación Docente en Ciencias Naturales

La formación humana integral es el eje fundamental para la transformación del individuo y de la sociedad actual, de la cual también forman parte indispensable los estudiantes, educadores, padres y representantes, entre otros actores involucrados en el proceso de inter aprendizaje. Lo antes descrito implica retomar desde una perspectiva crítica uno de los objetivos primordiales de las instituciones universitarias que es formar de modo integral el talento humano, lo que representa un desafío permanente y una dimensión central del sector educativo y de la sociedad.

Es por ello, que la formación del docente de ciencia a cualquier nivel y muy en especial a nivel universitario, debe orientarse hacia una formación integral, la cual debe ser asumida responsablemente, no sólo por el ser humano que se prepara para la docencia en todos los niveles educativos, sino también por la institución universitaria y por el estado.

El docente desde el deber ser de su actuación profesional, como mediador y formador de las ciencias, debe reflexionar sobre su práctica pedagógica para mejorarla o fortalecerla y desde esa instancia elaborar nuevos conocimientos, pues en su ejercicio profesional continuará enseñando y construyendo saberes al enfrentarse a situaciones particulares del aula, laboratorios u otros escenarios de mediación, donde convergen símbolos y significados en torno a un currículo en específico.

De acuerdo a la UNESCO (2008), la formación docente en la enseñanza de la ciencia es importante porque, contribuye a la formación del pensamiento lógico a través de la resolución de problemas concretos, así como mejora la calidad de vida, prepara para la futura inserción en el mundo científico – tecnológico y promueve el desarrollo intelectual.

Sirve así mismo de soporte y sustrato de aplicación para las áreas instrumentales, permite la exploración lógica y sistemática del ambiente, así mismo, explica la realidad y ayuda a resolver problemas que tienen que ver con esta. El currículo de ciencias es una de las vías a través de las cuales los estudiantes deben aprender a aprender, adquirir estrategias y capacidades que les permitan transformar, reelaborar y en suma reconstruir los conocimientos que reciben como lo señala Gómez y Pozo (2006).

El profesor de ciencias debería ser un profesional capaz de asumir que su responsabilidad social está en el éxito del aprendizaje de sus alumnos. También es necesario que conozca instrumentos, recursos y estrategias para organizar los contenidos, preparar actividades de aprendizaje y de evaluación adecuadas a la fase del ciclo de aprendizaje, al nivel del alumnado, a las características del grupo.

De acuerdo a esto, se entiende la formación de los futuros profesores como una capacitación para el ejercicio profesional en la cual se ve al profesor como un experto que toma decisiones sobre su actuación en base a unos referentes teóricos, que conoce las técnicas y recursos para planificar estas acciones y que es capaz de analizar críticamente el conjunto con el fin de introducir las modificaciones necesarias.

El papel de las ciencias naturales en la actualidad ya no puede ser la de simple canal de transmisión de información, hechos y descubrimientos científicos y tecnológicos, ya que la escuela viene a representar la última y menos atrayente fuente de información para los docentes como lo señalan Gómez y Pozo (2006), sin embargo, lo que sí debe ser y hacer es proporcionar las herramientas necesarias para la comprensión e identificación adecuada de la ciencia. De esta forma los estudiantes serán capaces de ordenar, organizar e interpretar críticamente la información para darle un sentido.

Tomando en consideración lo expuesto, se puede citar el trabajo de Ravana y Quintanilla (2012), en su tesis doctoral sobre la Caracterización de las Concepciones Epistemológicas del Profesorado de Biología en Ejercicio sobre la Naturaleza de las Ciencias, realizada en la Universidad Católica Pontificia de Chile. La muestra fueron 53 docentes de biología de colegios particulares privados y municipalizados, a los cuales se les aplico un cuestionario tipo Likert.

Los resultados obtenidos evidencian una imagen de la ciencia racionalista, con un modelo de enseñanza tradicional dogmático que llevó a inferir que el aprendizaje consistió en la apropiación de significados. Para los docentes, la ciencia tiene carácter objetivo, neutral e imparcial, por lo tanto, se concibe desvinculada del mundo; visión que restringe las posibilidades de participación de los estudiantes en temas socio-científicos.

Se concibe el conocimiento científico como verdadero e incuestionable, por lo que presenta las teorías científicas como grandes verdades. De ahí que constituye en un valioso aporte para la investigación, ya que plantea la misma situación en cuanto a la enseñanza de la ciencia, que la realidad en estudio.

La Integración de las Ciencias Naturales en el Siglo XXI

Carvallo (2009), define la integración educativa como un proceso que pretende unificar las áreas de conocimiento con el objetivo de ofrecer un conjunto de estrategias que permitan a los estudiantes, relacionar el conocimiento científico con la realidad en base a sus necesidades de aprendizaje. La NARC (National association of Retarded Citizens) citada por Carvallo (2009) señala que:

> La integración es una filosofía o principio de ofrecimiento de servicios educativos que se pone en práctica mediante la provisión de una variedad de alternativas instructivas y de clases, que son apropiadas al plan educativo, para cada alumno, permitiendo la máxima integración instructiva, temporal y social entre alumnos y las áreas del conocimiento científico (p. 9).

Lo integral comprende la naturaleza del ser vivo, el ambiente natural, el modelo económico, humano y social al que se aspira como pueblo, como ciudadano, como país, como sociedad mundial. Es correlación de asignaturas. Es por ello, que el estudio de la Ciencia de manera significativa ayuda a desarrollar en los estudiantes: el pensamiento crítico; la habilidad para resolver problemas; actitudes que promueven la curiosidad y el sano escepticismo. La apertura para modificar las propias explicaciones a la luz de nueva evidencia; así como la enseñanza de conceptos fundamentales que ayuda a que los estudiantes se enfoquen en lo que verdaderamente es importante.

El estudio científico implica hacer ciencia, preguntando y descubriendo mediante la indagación científica que implica desarrollar habilidades de investigación como observación, organización de datos, explicación, reflexión y acción. Discutir temas que se refieran a la aplicación y relación de la ciencia, la tecnología y el contexto social. Implica desarrollar en los estudiantes habilidades para trabajar en grupo, colaborativa y cooperativamente, aprovechar los desarrollos tecnológicos para facilitar y acelerar la recopilación y el análisis de datos. Aprender ciencias significa integrar en ellas lectura, escritura, expresión oral, matemáticas y tecnología como lo describe Paruelo (2003).

La enseñanza de las ciencias implica el desarrollo de diversas estrategias, que incluyen el fomento de la creatividad, el sentido de responsabilidad, el fomento de la independencia en la búsqueda del conocimiento, la incentivación de un acercamiento interdisciplinario hacia el saber. En tal sentido, los nuevos enfoques en filosofía y epistemología de las ciencias, las aportaciones más recientes en psicología del aprendizaje y los modelos actuales en investigación educativa, tienden a resaltar que la construcción del conocimiento tanto por los alumnos (conocimiento escolar) como por los profesores (conocimiento profesional), es uno de los principios básico en que ha de asentarse, junto con otros un modelo alternativo para la enseñanza de las ciencias.

En este orden de ideas se puede citar el trabajo doctoral de Arteaga (2012), titulado Conocimientos y Creencias de los Docentes de Ciencias Naturales, donde se abordó un enfoque cualitativo privilegiando la etnografía educativa como metodología que permitió describir los contextos y las actividades de los docentes en los escenarios educativos.

La investigación se desarrolló en tres instituciones públicas de Maracaibo, con una matrícula en total de 400 estudiantes de clase media alta y 24 profesores de los cuales solo dos eran de ciencias naturales. Para recaudar la información se utilizó la entrevista no estructurada y observaciones de clases, esta información fue triangulada con fuentes como la planificación realizada por los docentes, así como las actividades propuesta por los estudiantes.

En los hallazgos se observó, que el profesor es un sujeto epistémico que va construyendo desde su perspectiva el conocimiento que lleva al aula por lo que condicionan y moldean su acción como docente, partiendo que en esta construcción participan componentes del conocimiento científico, cotidiano, el currículo, el contexto escolar, sus creencias y valores.

Se evidencia que los profesores no tienen concepciones uniformes respecto a la enseñanza y al aprendizaje, se encontraron además contradicciones en cuanto a lo que expresan y a lo que hacen, ya que a nivel de conocimientos ellos manifiestan una posición acorde a los planteamientos de una visión constructivista; sin embargo en la práctica siguen predominando la tendencia a transmitir verbalmente los contenidos y no favorecen estrategias que lleven al desarrollo de competencia en los estudiantes.

Es por ello que una visión más apropiada y filosóficamente sólida de la enseñanza y aprendizaje de la ciencia es que son estructuras complejas que se confirman o no, en su capacidad para describir, explicar y predecir fenómenos observables. En la práctica, ninguna teoría puede acoger todas las observaciones en su dominio; casi siempre habrá algunas observaciones que no puedan ser explicadas satisfactoriamente y depende de la creencia epistémica del docente para su comprensión.

Los objetos de estudio de las ciencias naturales son los sistemas, desde la perspectiva de la complejidad, el universo se configura como una arquitectura de sistemas que implican unos con otros, se superponen y jerarquizan en diferentes niveles de organización, en un juego permanente de flujos, dependencias e intercambios. Según este enfoque, la realidad no está integrada por una colección de entes separados e interdependientes, sino que constituye el sistema de sistemas conectados e interdependientes.

Los sistemas materiales son por tanto, entidades reales particulares y diversas, en las que se pueden definir características comunes. La presencia de elementos interrelacionados. El carácter organizacional de esta interrelación se da de forma que el sistema funciona como un todo con identidad propia, capaz de mantener cierta regularidad y estabilidad (organizacional).

El concepto de interacción es básico para comprender los sistemas supone una influencia mutua entre distintos objetos, de manera que la presencia de la interacción modifica las características que esos objetos presentan cuando están aislados. De ahí que se pueda afirmar que los elementos existentes en el todo organizado se encuentran en uno de sus estados posibles, han perdido la potencialidad que tenían como entes individuales.

Pero precisamente esa pérdida supone que las interacciones generan orden, apareciendo propiedades nuevas propias del sistema y distintas de las propiedades de los elementos constituyentes (emergencias). En ciertas condiciones las interacciones conllevan interdependencia, actuación conjunta, asociación y combinación. Es decir, implican una determinada configuración de la realidad, una organización. En ese sentido las interacciones generan regularidad y orden, crean cohesión en los sistemas materiales.

La existencia de interacciones comporta: constreñimiento para los elementos componentes: cada uno de ellos, al integrarse en el todo, adopta uno de sus estados posibles, inhibiendo cualidades y potencialidades.

Igualmente, la aparición de propiedades nuevas (propiedades emergentes), que surgen en cuanto que existe la interacción. Esas propiedades nuevas no solo definen lo peculiar y característico del sistema sino que también se refieren a propiedades que adquieren los elementos componentes integrantes del mismo.

Para la integración de las ciencias naturales se deben considerar factores como las estrategias que se emplean, por parte del emisor y del receptor, para procesar la información científica. La información previa existente en el sistema, antes de que se pongan en marcha tareas de clase que incorporen a éste nueva información. La naturaleza de las relaciones interpersonales presentes en el aula, la influencia del contexto socio natural, la intencionalidad que orienta las relaciones comunicativas, las reglas y mecanismos que organizan y controlan la comunicación en el aula.

Los factores antes mencionados, aluden a los procesos psicológicos interpersonales, a las estructuras de conocimiento de los sujetos. Dichos procesos constituyen un fenómeno constructivo. La perspectiva constructivista sería una opción teórica, un posible marco de referencia tanto para la comprensión del aprendizaje de las ciencias como para la intervención pedagógica

Dentro de esta perspectiva, la información previa existente en el sistema antes de la incorporación de nueva información, debe ser especialmente considerada en relación con la intervención. Esta información está presente en cada alumno (conocimientos, actitudes, destrezas), en el profesor (concepciones didácticas, intereses, habilidades) y en los elementos del contexto (disposición, formas de uso, naturaleza de los mismos

Enseñar ciencias requiere de adquirir conocimientos sobre las bases teóricas en que se fundamenta la didáctica de las ciencias experimentales. Los futuros profesores deben saber que hay más de una forma de explicar qué es la ciencia y que las decisiones sobre que contenidos enseñar en el aula y para hacerlo en cualquier nivel educativo se toman las bases a una de las posibles explicaciones sobre la naturaleza de la ciencia.

 Esto requiere un profesional habituado a cuestionar y cuestionarse sobre su pensamiento y su práctica; un profesor con autonomía para aprender desde su práctica al reconocer sus aciertos y fallas y que tome decisiones, apoyándose en la teoría. Por otra parte, debe ser capaz de reflexionar sobre como aprenden los estudiantes y conocer las teorías actuales sobre el aprendizaje, en particular las propuestas desde el campo de la didáctica de las ciencias para interpretar las dificultades de los alumnos en su aprendizaje, así como los factores personales y sociales que influyen en dicho proceso de acuerdo a Angulo y García (1997).

De igual forma los mismos autores consideran, que además de aprender a tomar las decisiones sobre cómo enseñar, no son independientes los aspectos antes mencionados y en función de éstos, el profesor tiene que preparar y/o seleccionar actividades de aprendizaje, de evaluación, decidir como las secuenciará y como las gestionará en el aula.

En este sentido se puede citar a Pérez (2011), con su trabajo doctoral titulado La Teoría en Uso de los Formadores de Formadores en las Ciencias Naturales, en el cual se abordaron los procesos de enseñar la ciencia, puesta en escena por los formadores de formadores al administrar contenidos científicos integrados en cursos como Biología, Física y Química develando las diferentes teorías de acción. El estudio se realizó en la UPEL, Maracay, generando la construcción y reconstrucción de conocimientos para un mundo complejizado, globalizado e integral, multidimensional de una sociedad digitalizada.

Las unidades de información seleccionadas dentro de este estudio quedaron constituidas por los docentes jefes de departamentos, coordinadores de subprogramas, docentes que administran cursos en la especialidad de física, química y biología, informantes que cumplen funciones en: docencia, investigación y extensión, los cuales tienen la responsabilidad de administrar los cursos de ciencias a nivel universitario.

Apoyado en la técnica heurística la escalera de la inferencia propuesta por Argyris (1999). Se basó el estudio en la teoría social comunicativa de Habermas (1990), la teoría fundamentada y el método comparativo continuo de Glasser y Strauss (2000), desarrollándose la investigación de modo cualitativo. Se utilizó la observación no participante y la entrevista a profundidad para obtener información clave.

Los hallazgos develaron diferencias significativas entre la teoría de acción de los formadores en su dimensión explicita y en uso, lo cual sirvió de base a un perfil repensado que incidirá favorablemente para asumir los retos educativos actuales. Se develó también incongruencia entre la teoría explicita que registra las políticas educativas y la teoría de uso institucional en relación a los factores asociados a los procesos organizacionales marcados por un déficit presupuestario que constituye una barrera organizativa que frena el aprendizaje organizacional.

Tomando como referente lo descrito se puede evidenciar la relevancia de la formación de los formadores en ciencias naturales y la importancia de las teorías de acción que se deben tener en cuenta a la hora de los procesos de enseñanza y aprendizaje integrador de las ciencias.

Resulta importante destacar dentro de la enseñanza integral de las ciencias, que se deben describir las diferentes teorías que amparan esta temática en estudio las cuales son:

Teoría Pedagógica de la Integración

La introducción y el desarrollo de acciones de integración de los conocimientos objeto de educación parecen ser cada vez más inevitables en un contexto de multiplicación exponencial de los saberes, pero también en un contexto en donde todos los actores educativos buscan redefinir el lugar de la escuela en la sociedad. Partiendo de esto se genera la teoría de la Pedagogía de la Integración propuesta por Roegiers (2007), quien emplea el término competencias básicas como soporte fundamental de esta teoría.

Para el autor, la integración es una operación por medio de la cual se hacen interdependientes diferentes elementos que estaban disociados al inicio, para hacerlos funcionar de una manera articulada en función de un objetivo dado. La teoría se basa en los siguientes principios: dar al educando la ocasión de integrar sus conocimientos, dirección de los proyectos de clase, actividades de resolución de problemas complejos, trabajos de finalización de estudios, son todas actividades de integración que tienden a dar un sentido a los aprendizajes articulados.

Es entonces, la puesta en práctica de un enfoque que construye los aprendizajes etapa por etapa, que permita a los estudiantes hacer frente a cualquier situación de la vida cotidiana. Sabiendo que sólo hay integración si se posee diferentes recursos: como el conocimiento (saberes), saber hacer y saber ser. Sólo hay integración si el estudiante vuelve a usar sus aprendizajes en un nuevo contexto, una nueva situación más compleja y rica que una aplicación de clases o un ejercicio, ya que la situación-problema demanda varios conocimientos. Sólo hay integración si el estudiante se implica personalmente en la resolución de la situación - problema.

El estudiante desde esta perspectiva debe encontrar por sí mismo cuáles son los conocimientos que deben ser movilizados y articularlos para resolver la situaciones problemáticas. Nadie puede integrar en lugar de otra persona. Es por esto que la teoría pretende integrar los conocimientos escolares entre sí y con la vida, para lo cual incluye el enfoque por competencias, como movilización conjunta de diferentes conocimientos escolares realizada por el estudiante en una situación significativa.

En sentido estricto, Roegiers (2007), describe dentro de la pedagogía de la integración a las competencias como aquellas dominadas por un estudiante para poder entrar sin problema en nuevos aprendizajes que lo involucren. En este primer sentido, habría competencias básicas y competencias de perfeccionamiento, es decir no estrictamente indispensables para los futuros aprendizajes.

Aporta una significatividad al aprendizaje constituyéndose en criterio de evaluación y éxito escolar. El enfoque por competencias de base propuesto por el autor también llamado pedagogía de la integración, pretende esencialmente tres objetivos principales: poner el acento en las competencias que el estudiante debe dominar al final de cada año escolar, más que sobre lo que el docente debe enseñar. Su papel es organizar los aprendizajes de la mejor manera posible para llevar a los estudiantes al nivel esperado.

Como segundo objetivo, está dar sentido a los aprendizajes, mostrando al estudiante para qué sirve lo que aprende. Para esto resulta necesario situar continuamente los aprendizajes en relación con las situaciones que tienen sentido para él y utilizar lo aprendido. Como tercer objetivo se debe acreditar las adquisiciones del estudiante en términos de resolución de situaciones concretas.

En esta dimensión quiere ser una respuesta a la incapacidad para emplear lo aprendido en la escuela a la vida cotidiana. En este sentido, sobre las formas de integración del conocimiento, Roegiers (2007), estima que ni los saberes disciplinares ni las capacidades proporcionan por sí solos, una base adecuada para la integración. Son las tareas o situaciones, que unida a contenidos y capacidades configuran la competencia y la base en que se ha de buscar la integración.

Dentro de la teoría pedagógica de integración, se incluye la articulación de la formación teórica y práctica e inclusive una organización de los aprendizajes en la cual la formación teórica está puesta al servicio de la formación práctica (integración teórico-práctica) o mejor aún, la acción triádica práctica-teoría-práctica. Lo planteado se evidencias en los siguientes aspectos:

Las actividades que apuntan a estructurar los conocimientos antes del aprendizaje, en particular, procurándole al estudiante puntos de anclaje que luego le permitan efectuar puentes cognitivos que le den sentido a los nuevos aprendizajes, así como también, el establecimiento de conocimientos a través de un proyecto, un centro de intereses, un trabajo por temas que incluyen la integración didáctica.

Seguidamente, la puesta en red de los diferentes conocimientos en lugar de una discciación de estos en las estructuras cognitivas del estudiante, logrando la integración intra-cognitiva, que Piaget (1967), denominó acomodación, pero también las actividades de estructuración que le permiten a posteriori, al estudiante reorganizar sus conocimientos.

La acción concertada de varios formadores o de varios docentes es otro de los factores que intervienen ante un mismo grupo de estudiantes (integración inter-formadores o inter-docentes), así como también la articulación de varios enfoques (sociológico, psicológico, económico, filosófico) para comprender una situación (interdisciplinaridad, es decir, integración de disciplinas).

Por otra parte se puede describir también la movilización de capacidades (documentación, analizar, autoevaluación, comunicación) en disciplinas diferentes, para garantizar un dominio más amplio y más profundo de estas capacidades (transdisciplinariedad, o transversalidad, es decir, integración de contextos) para de esta manera lograr la integración de saberes en un determinado ambiente de aprendizaje.

En la teoría pedagógica de la integración, se pueden incluir también las actividades de exploración, ya que se inscriben en un contexto de aprendizaje preciso partiendo de lo simple para ayudar a comprender lo complejo. Desde esta perspectiva, es necesario proporcionar a los estudiantes una instrumentación, en términos de nuevos saberes, ya sea saberes particulares, conceptos, reglas o procedimientos los cuales involucran integración para comprender ciertos fenómenos.

Vale destacas que lo que da sentido, a la integralidad de saberes es la construcción progresiva de la persona como un ser complejo, sensible, dotado de poder de acción sobre las situaciones, pero también dotado del poder que le permite tomar distancia con respecto a estas mismas situaciones, es decir, de poder crítico. Resulta importante describir que desde la perspectiva investigativa esta teoría es una base para la integración de las ciencias en la enseñanza, dado los principios del dominio de las competencias, darle sentido a lo aprendido y resolución de situaciones concretas, para comprender el desarrollo de ciertos fenómenos biofisicoquímicos.

La Transdisciplinariedad

La transdisciplinariedad es una perspectiva relativamente nueva en la historia del conocimiento humano, surgió debido a la inventiva del filósofo y psicólogo suizo, Jean Piaget (1980). La palabra en sí misma, apareció en Francia en 1970, en las conversaciones de Jean Piaget, Erich Jantsch y André Lichnerowicz, en el taller internacional denominado Interdisciplinariedad-Problemas de la Enseñanza e Investigación en las Universidades.

En su contribución, a la definición de este término Piaget (1980), la define como la etapa de las relaciones interdisciplinarias que pasa a un nivel superior, el cual no se limitará a reconocer las interacciones y reciprocidades entre las investigaciones especializadas, sino que buscará ubicar esos vínculos dentro de un sistema total, sin fronteras estables entre las disciplinas. Por su parte, Villegas (2010), la señala como:

Una nueva forma de apropiación del conocimiento, que no se ciñe a una rigidez metodológica, sino que inicia con la búsqueda y construcción del saber, haciendo uso de la interpretación y la comprensión, retomando así mismo la explicación, la cuantificación y la objetividad. Es una apertura del pensamiento a la realidad compleja, sin ataduras procedimentales, pues otorga al sujeto investigador toda la flexibilidad mental posible, mediante procesos dialógicos que conducirán al descubrimiento de su propia lógica (p.76).

Desde esta perspectiva y a partir de las definiciones sucesivas de este término, surge la teoría de la transdisciplinariedad que se origina para lograr resultados más acertados en planeamientos urbanos, políticos y sociales dándoles un carácter abierto, integral y participativo, Morín (2000), estudió la teoría de la transdisciplinariedad como la única forma de estudiar la realidad compleja.

Esta teoría se concibe como una visión del mundo que busca ubicar al hombre y a la humanidad en el centro de reflexión y desarrollar una concepción integradora del conocimiento global. Para ello, Morín (2000), tomó como punto de partida el pensamiento de Nicolescu (1999), a partir del cual pretende fundar una metodología que aborde la cuestión humana y del conocimiento desde una perspectiva de interconexión, en el sentido de complexus.

La transdisciplinariedad para Nicolescu (ob cit), no renuncia ni rechaza las disciplinas, aspira si a un conocimiento relacional, complejo, que nunca será acabado, pero que está en diálogo y revisión permanente. Tal vez este último principio se deba en gran medida a lo que se conoce con los órganos de los sentidos y a la percepción. Como señala Von Foerster (2002), no existe un único punto de vista (disciplina), sino múltiples visiones de un mismo objeto, la realidad entonces puede ser vista como un prisma de múltiples caras o niveles de realidad. La transdisciplinariedad no elimina a las disciplinas lo que elimina es esa verdad que dice que el conocimiento disciplinario es totalizador, cambia el enfoque disciplinario por uno que lo atraviesa, el transdisciplinario.

Corresponde a Nicolescu (ob cit), una comprensión de la transdisciplinariedad que enfatiza el ir más allá de las disciplinas, trascenderlas. Concierne entonces a una indagación que a la vez se realice entre las disciplinas, las atraviesa y continúa más allá de estas. Su meta ha cambiado, ya no se circunscribe a la disciplina, sino que intenta una comprensión del mundo bajo los imperativos de la unidad del conocimiento.

Para autores como Morín (2000) y Nicolescu (1999), únicamente el enfoque transdisciplinario del conocimiento trasciende el paradigma disciplinar al superar no sólo el objeto de conocimiento, sino además la ontología que ha hecho posible el surgimiento del saber en campos especializados, comprendiendo la realidad y el hombre que hace parte de la está de una manera totalmente diferente.

En este orden de ideas, para Sarquis y Buganza (2009), la teoría transdisciplinaria es producto de la reflexión filosófica renovada por los descubrimientos de la física cuántica, así como por el advenimiento de las nuevas ciencias de la información y el desarrollo de la teoría general de sistemas. Pone énfasis en un cambio de visión que parta del reconocimiento que, a pesar de que es irrefutable el enorme beneficio de la ciencia y la tecnología modernas, es necesario caer en la cuenta de los excesos de la ciencia sin conciencia, que colocan al ser humano en la paradójica situación de poseer un potencial simultáneamente creativo y destructivo sin paralelo en la historia.

La transdisciplinariedad es un nuevo enfoque científico, cultural, espiritual y social, el cual no niega la disciplinariedad, la interdisciplinariedad y la pluridisciplinariedad, pero subraya su dimensión no exhaustiva en la investigación. La idea es superar la parcelación y fragmentación del conocimiento que reflejan las disciplinas particulares y comprender las complejas realidades del mundo actual, como lo describe Martínez (2004).

De ese modo, la transdisciplinariedad es de la misma forma que la interdisciplinariedad, un principio epistemológico de reorganización del saber, que auxilia el pensamiento, que facilita la comprensión de la realidad, promoviendo el rompimiento de barreras y el traspaso de fronteras al reconocer las posibilidades de un trabajo en las interfaces, al facilitar la migración de conceptos de un campo del conocimiento a otro.

Resulta importante señalar, que esta teoría fundamenta este trabajo investigativo, ya que permite el debate epistemológico de los últimos tiempos acercando a la necesidad de comprender la heterogénea realidad, posibilitando cosmovisiones integradoras que ayudan a trascender las limitaciones impuestas por las disciplinas fragmentadas del conocimiento científico.

Teoría de la Comprensión

Perkins (2003), es el pionero en la enseñanza para la comprensión, identificó además los patrones o rutinas pedagógicas tradicionales que no buscan desafiar y cuestionar a los estudiantes, sino más bien, domesticar la repetición de los conceptos adquiridos. Los procesos de formación docente descritos por el autor para este nuevo milenio, exigen la revisión permanente de estrategias y teorías que incentiven la transformación de las acciones desarrolladas en el aula de clase, particularmente las que se generan al entrar en interacción la triada maestro-aprendizaje–estudiante. En este sentido definió lo que es la comprensión a partir de los aspectos antes mencionados.

La comprensión para Perkins (2003), posee múltiples estratos y tiene que ver con los datos particulares y también con la actitud respecto a una disciplina formando un conglomerado más amplio que posee un estilo, un espíritu y un orden propio. Es por esto que incluye tres metas indiscutibles de la educación como lo son: la retención, la integración y el uso activo del conocimiento.

La meta más importante de la comprensión es que desempeña una función esencial, porque las cosas que se pueden hacer para comprender mejor un concepto son las más útiles para recordarlo. De modo que buscar pautas en las ideas, encontrar ejemplos propios y relacionar los conceptos nuevos con conocimientos previos, sirven tanto para comprender como para guardar información en la memoria   porque si no hay comprensión es muy difícil usar activamente el conocimiento y más si está relacionado con la enseñanza y aprendizaje de las ciencias naturales.

Partiendo de este planteamiento el autor, introduce la pedagogía de la comprensión que significa el arte de enseñar a comprender para evitar conocimientos frágiles. Comprender no se reduce a conocer; tampoco se trata de resolver problemas con habilidad o interpretar un texto o escribir bien. El autor recalca en su teoría, que comprender es la habilidad de pensar y actuar con flexibilidad a partir de lo que uno sabe, la capacidad de desempeño flexible es la comprensión. No queda desvirtuada la importancia de adquirir información y de manejar habilidades básicas, pero comprender exige algo más.

Los desempeños de comprensión son actividades que van más allá de la memorización y las rutinas, incumbe a la capacidad de hacer, en este caso en la comprensión de la ciencia, una variedad de procesos que estimulan el pensamiento, tales como explicar, demostrar, dar ejemplos, generalizar, establecer analogías con la realidad. De acuerdo al autor los principios generales de la enseñanza para la comprensión son:

El aprendizaje se produce principalmente por medio de un compromiso reflexivo con desempeños de comprensión a los que es posible abordar pero que se presentan como un desafío. Los nuevos desempeños de comprensión se construyen a través de comprensiones previas y de la nueva información ofrecida por el entorno institucional.

Aprender un conjunto de conocimientos y habilidades para la comprensión exige una cadena de desempeños de comprensión de variedad y complejidad creciente. El aprendizaje a menudo implica un conflicto con repertorios más viejos de desempeños de comprensión y con sus ideas e imágenes asociadas.

La complejidad de la adquisición y estructuración del aprendizaje para la comprensión es tan diverso como la cantidad de seres humanos que habitan en el planeta, en consecuencia, aprender a aprender tiene gran importancia para la formación de los sujetos, pues es una herramienta que les permite asumir posturas frente a las teorías, organizar la información, seleccionarla, utilizarla coherentemente en cada circunstancia de la vida y, sobre todo, ahondar en el descubrimiento de sus procesos meta cognitivos.

La teoría para la comprensión está ligada a la acción, es decir a la capacidad que tiene un individuo de dominar los conocimientos y aplicarlos a otras situaciones. Es poder transferir esos conocimientos a contextos diferentes, es tener la posibilidad de explicarlos, mostrar sus hipótesis, es emplear el pensamiento comprensivo y significativo de los conocimientos.

Enseñar para comprender, implica además, redefinir lo que se entiende por su comprensión, entendida como pensar flexible, que no se trata de demostrar conocimiento sobre hechos observables de la realidad circundante dentro de una cosmovisión. Se trata de un estado de capacitación. Cuando se entiende algo, no sólo se tiene información sino que hay capacidades de hacer ciertas cosas con ese conocimiento. Estás cosas que se pueden hacer, revelan comprensión y la desarrollan.

Vale destacar, que para la enseñanza de las ciencias de manera integradora en la actualidad, se debe aplicar esta teoría como fundamento para la comprensión de fenómenos biofisicoquímicos que integran la vida, ya que se necesita de la internalización, acomodación y reorganización de los conocimientos científicos para su comprensión, además de desarrollar actividades comprensivas que refuercen estos conocimientos para su mejor asimilación y mediación.

El Docente de Ciencias Naturales en la Universidad Pedagógica Experimental Libertador

Entre las competencias que se desarrollan en la formación del docente de ciencias naturales según la UPEL (2013), se encuentran:

Poseer actitud de búsqueda permanente para investigar la realidad socioeducativa de manera transdisciplinaria haciendo uso de metodologías y técnicas inherentes a la elaboración de proyectos dirigidos a solventar problemáticas de impacto científico-educativo.

Dominar el uso pedagógico de las TIC para la interacción, investigación, colaboración y producción didáctica, como herramienta significativa en los procesos de enseñanza y aprendizaje de las ciencias naturales. Evidenciar principios éticos sólidos expresados en su desempeño personal y profesional, para la formación social de valores, democráticos, de libertad, responsabilidad y respeto hacia las personas y el entorno.

Construir conocimientos pedagógicos mediante la integración de la teoría y la práctica, en la planificación, mediación y evaluación de los procesos de enseñanza y aprendizaje, valorando el pensamiento crítico y reflexivo en el quehacer docente. Asume una cosmovisión ecológica expresada en conocimiento, habilidades y valores para la construcción de sociedades sostenibles y sustentables a través de su acción pedagógica. Genera ambientes de aprendizajes armónicos, abiertos y de confianza para desarrollar las capacidades intelectuales y humanas, como elemento clave en la transformación biopsicosocial, propiciando una interacción afectiva emocional equilibrada entre los estudiantes y su entorno.

Perfil del Docente

El docente de ciencias naturales debe ser un profesional altamente calificado para emprender actividades de docencia e investigación en el campo de la Educación en Ciencias Experimentales como la física, química y la biología. Buscando formar recursos humanos con la capacidad analítica y operativa para profundizar y aplicar conocimientos en el campo de la enseñanza de las Ciencias Experimentales, para trabajar en grupos interdisciplinarios y para seguir autónomamente, los adelantos que se generen en la didáctica de las ciencias naturales en la actualidad.

Dentro de este desarrollo de competencias del perfil del docente de ciencias, se contempla el establecimiento de condiciones académicas y profesionales que le permitan al estudiante formarse en los conocimientos (campo científico, pedagógico, didáctico e investigativo), las competencias cognitivas (para el manejo de información, la autorregulación de sus aprendizajes, resolución de problemas, competencias comunicativas y manejo de las TIC) y las actitudes que le permitan un ejercicio competente como docente, como lo describe, Gómez (2006).

En este sentido, el autor recalca que el profesor de ciencias naturales debe tener sólidos conocimientos sobre los procesos biofisicoquímicos y los metodológicos que apuntan en el despertar del estudiante a su capacidad creativa e investigativa, además de conocer los fundamentos psicopedagógicos y didácticos, los contenidos científicos y prácticos de valores éticos, morales y humanísticos, lo cual permite desarrollar en los estudiantes habilidades y destrezas que facilitan el aprendizaje de las ciencias.

CAPÍTULO III

CONTEXTO METODOLÓGICO

Enfoque Epistemológico

La opción epistemológica asumida en esta investigación es el enfoque integrador transcomplejo, que para Schavino y col (2006) es una cosmovisión investigativa de complementariedad, fundamentada en la aplicación de metodologías transdisciplinarias, que permitan tanto la comprensión de las diferentes vertientes, tanto la cualitativa, como la cuantitativa y la integradora, así como de las posibles soluciones y las consecuencias que a partir de sus aplicaciones se llegarán a desencadenar.

Todo ello enmarcado en el intercambio de visiones, percepciones y talentos en disciplinas específicas, con la finalidad, no de lograr una colaboración interdisciplinar, sino la generación de una nueva visión omniabarcante y transdisciplinaria, que permita el avance de la investigación y docencia en la enseñanza de las ciencias, hacia nuevas formas de interpretación e intervención exitosa de la realidad como lo describe Schavino y Villegas (2010).

Para la autora antes citada, la ontología de este enfoque está basada en la propuesta que favorece la realidad misma del ser, asumiendo que la realidad a conocer por la acción investigativa es compleja. Es decir multidimensional, multireferencial, relacional, reticular, global, en construcción y para ello también construible. Asume los distintos niveles de la realidad como espacio de aproximación posible, una construcción de conocimientos transdisciplinarios.

Desde el punto de vista epistemológico el enfoque integrador transcomplejo, trata de estudiar la relación sujeto - objeto basada en el supuesto de la reflexividad, para el cual la realidad sólo se define en su relación con el sujeto. El sujeto forma parte del universo que conoce y como tal, es inacabado, determinado e indeterminado a la vez, en construcción y constructor, significa y es significado por otros. Este enfoque supera las disyunciones sujeto-objeto.

Por último desde la perspectiva metodológica se fundamenta en una integración metodológica, donde el investigador emplea tanto la objetividad como la subjetividad, combinando métodos cualitativos y cuantitativos, La dimensión metodológica plantea la integración metódica (métodos mixtos) que tiene como finalidad explicar, comprender, transformar y recrear la realidad. De acuerdo a Njamanovich (2001), es construir itinerarios según las problemáticas particulares que se presentan en cada investigación específica. Es abrirse a múltiples significados, dirigir la mirada hacia otros puntos de vista; a la vez que un compromiso hacia la resolución de las diferencias.

Métodos

En correspondencia con el enfoque epistemológico se asume el método mixto, definido según Campos (2009), como el tipo de investigación según el cual el investigador combina varios métodos: cualitativos y cuantitativos en un mismo estudio con el propósito de ampliar y profundizar la comprensión. La vertiente cualitativa, con los métodos fenomenológicos y hermenéuticos.

Según Paz (2003), el método fenomenológico, describe el significado de las experiencias de vida de un individuo o grupo de personas, acerca de un fenómeno. La fenomenología, no presupone nada: ni el sentido común, ni el mundo natural, ni las proposiciones científicas, ni las experiencias psicológicas. Se coloca antes de cualquier creencia y de todo juicio para explorar simplemente lo dado para comprender ciertos fenómenos, como lo describe Martínez (2013).

Por otra parte para Arráez (2006), la hermenéutica se describe como una actividad de reflexión en el sentido etimológico del término, es decir, una actividad interpretativa que permite la captación plena del sentido de los textos en los diferentes contextos.

En relación al método cuantitativo, se plantea un estudio explicativo el cual para Rusu (2011), tiene como objetivo fundamental encontrar las razones o causas que provocan ciertos eventos, sucesos o fenómenos, pretende explicar el por qué ocurre el fenómeno, en qué condiciones y por qué se relacionan dos o más variables, son estructurados e incluyen propósitos de exploración, descripción, correlación.

Este se puede mencionar como fundamento para el logro de uno de los objetivos específicos de la investigación relacionado con explicar los aspectos de los docentes, estudiantes, programa, institución y sociedad que intervienen en la enseñanza de las ciencias naturales en la formación de docentes en la UPEL por una parte y por la otra con la muestra que representan los actores de la praxis educativa como lo son los estudiantes y docentes de las asignaturas científicas en estudio.

El método en correspondencia para la investigación es el inductivo este va de lo particular a lo general, según Freyces (2009), cuando de la observación de los hechos particulares se obtienen proposiciones generales, o sea, es aquél que establece un principio general una vez realizado el estudio y análisis de hechos y fenómenos en particular. La inducción es un proceso mental que consiste en inferir de algunos casos particulares observados la ley general que los rige y que vale para todos.

En cuanto a la fuente es también mixta documental y de campo primeramente el estudio documental, para Duarte y Parra (2014), la definen como "parte esencial de un proceso de investigación científica, que constituye una estrategia para observar y reflexionar sistemáticamente sobre diversas realidades teóricas o no, usando para ello diferentes tipos de documentos" (p.38).

En el estudio de campo, el investigador está en el lugar donde acontecen los hechos, los cuales permite recaudar datos e información pertinente. Para Arias (2006), "consiste en la recolección de datos directamente de los sujetos investigados, o de la realidad donde ocurren los hechos (datos primarios), sin manipular o controlar variable alguna, es decir, el investigador obtiene la información pero no altera las condiciones existentes" (p. 76).

Procedimientos

En cuanto al desarrollo de la investigación se realizó de la siguiente manera conformada primeramente por la vertiente cualitativa, la cuantitativa y la integrativa fundamentada por la triangulación y teorización.

Vertiente Cualitativa

En esta vertiente se incluyen técnicas de análisis como la categorización y la estructuración, además de dos fases relacionadas primeramente con la cualitativa hermenéutica y seguidamente la cualitativa fenomenológica, así como también los informantes clave, la entrevista a profundidad y la observación participante, en la primera parte la cualitativa hermenéutica, se abarcan las diferentes teorías de la investigación donde se abordan los aprendizajes teóricos- prácticos dentro de la especialidad, a través de la revisión documental, la cual se describe para Aristizabal (2008) como:

> Una técnica de revisión y de registro de documentos que fundamenta el propósito de la investigación y permite el desarrollo del marco teórico y conceptual, que se inscribe en el tipo de investigación exploratoria, descriptiva, etnográfica, teoría fundamental entre otras, pero que aborda todo paradigma investigativo (cuantitativo, cualitativo y multimétodo) por cuanto hace aportes al marco teórico y conceptual (p. 34)

Se busca por medio de esta técnica investigativa, estar actualizado en el tema que se explora. Es requisito la indagación de archivos de bibliotecas y hemerotecas, así como archivos digitales clasificados entre otros. En este sentido la revisión documental es importante en la construcción de antecedentes, en la revisión de estudios e investigaciones anteriores, en la formulación del marco teórico y como técnica de recolección de información que permite contrastar la información recolectada con otras estrategias.

Por consiguiente la revisión documental es una técnica relevante en este estudio, ya que permite rastrear, ubicar, inventariar, seleccionar y consultar las fuentes y los documentos que se utilizarán como materia prima en la investigación.

En la fase Cualitativa Fenomenológica, se tuvo como fin interpretar la realidad tal como se observa en el fenómeno estudiado en las diferentes asignaturas Fundamentos de Física Química y Biología, por ser de naturaleza teórico- práctica y por trabajar directamente con el fenómeno biológico que comprende la naturaleza y la humanidad. Partiendo del objeto de estudio de la fenomenología son los significados que los individuos asignan a sus experiencias y su vida cotidiana, junto con los procesos de interpretación a través de los cuales los individuos definen su mundo, se constituyen como tales y actúan en consecuencia.

En cuanto a la categorización, para Gómez (2003), se refiere en general a un concepto que abarca elementos o aspectos con características comunes o que se relacionan entre sí. Esa palabra está relacionada a la idea de clase o serie las categorías son empleadas para establecer clasificaciones. En este sentido trabajar con ellas implica agrupar elementos, ideas y expresiones en torno a un concepto capaz de abarcar todo.

En la Estructuración Dávila (1995), la describe como la coherencia entre las preguntas y objetivos de la investigación, lo cual permite un diálogo con el otro, lo que conlleva a la consistencia y apertura, se consignan los fenómenos a observar para que sean relevantes para el estudio y un sistema de codificación que ayude a la fidelidad del instrumento de registro, ayudando a escoger uno o más modelos de análisis pertinentes y que permitan llegar a la profundidad de los hallazgos.

Escenario de Estudio, Informantes Clave.

Para Flores (2000), el escenario es el lugar donde se estudia el fenómeno tal cual cómo se desarrolla en su ambiente natural en el sentido de no alterar las condiciones de la realidad. El escenario de la investigación fue la Universidad Experimental Libertador "Rafael Alberto Escobar Lara" de Maracay.

Entrada de la UPEL-Maracay

Departamento de Biología

Por su parte, para Martín (2007), los informantes clave son aquellas personas que por sus vivencias, capacidad de empatizar y relaciones que tienen en el campo pueden ayudar al investigador convirtiéndose en una fuente importante de información a la vez que le va abriendo el acceso a otras personas y a nuevos escenarios.

A lo largo de todo el proceso se busca establecer una relación de confianza con los informantes, lo que algunos autores denominan Rapport, como señala Taylor (1997) no es un concepto que pueda definirse fácilmente pero puede entenderse como lograr una relación de confianza que permita que la persona se abra y manifieste sus sentimientos internos al investigador fuera de lo que es la fachada que se muestra al exterior.

Cuando esto se consigue supone un estímulo importante para el investigador, esa relación de confianza aparece lentamente y a lo largo de la investigación no se mantiene de forma lineal sino que pasa por diferentes fases en las que aumenta o disminuye.

Tomando en consideración lo antes mencionado, los informantes clave para esta investigación son los siguientes: docentes que imparten fundamentos de Biología, Física y Química para la especialidad de Biología de la UPEL, Maracay, los cuales se seleccionaron considerando la trayectoria como profesionales de la docencia y por ser los responsables de impartir y administrar las políticas de formación de los formadores de formadores en estas asignaturas científicas. Otros informantes clave son los estudiantes de la especialidad de biología que cursaron y los que están cursando las asignaturas seleccionadas.

Cuadro 1. Características de los Informantes Clave.

Informante Clave	Nº	Criterios de Selección
Docentes de las asignaturas Fundamentos de Física, Química y Biología (Uno de cada curso)	3	Se seleccionaron por ser profesionales con alto desempeño en la administración de estas cátedras científicas, las cuales son de carácter obligatorio en la formación de los estudiantes de la UPEL -Maracay del departamento de Biología
Estudiantes que ya cursaron las asignaturas Fundamentos de Física, Química y Biología (uno de cada curso)	3	Fueron seleccionados porque al haber cursado ya las asignaturas pueden describir sus experiencias vivenciales en la praxis pedagógica de estos cursos científicos.

Estudiantes que están cursando las asignaturas Fundamentos de Física, Química y Biología (uno de cada curso)	3	Se seleccionaron porque están vinculados directamente con la praxis pedagógica y su fundamentación como cátedra obligatoria en la formación del estudiante de Biología de la UPEL Maracay.

Elaborado por la Investigadora Vásquez (2016).

Cuadro 2. Matriz Descripción Física y Demográfica de los Informantes Clave. Docentes de Fundamentos de Física, Fundamentos de Química y Fundamentos de Biología, D1, D2, D3.

D1	D2	D3
Nombres y Apellidos: Nattasha, Magallanes **Seudónimo:** NM **Sexo:** femenino **Edad:** 29 años **Formación:** Profesora de Física **Años de Servicio:** 4 años **Asignatura:** Fundamentos de Física **Tiempo Impartiendo la Asignatura:** 1 año	**Nombres y Apellidos:** Alexis Riera **Seudónimo:** AR **Sexo: masculino** **Edad:** 67 años **Formación:** Técnico en Química, Licenciado en Química, Maestría en educación Superior, Maestría en Estadística, Especialización en Catálisis, Doctor en Educación. **Años de Servicio:** 34 años **Asignatura:** Fundamentos de Química **Tiempo Impartiendo la Asignatura:** 34 años	**Nombres y Apellidos:** Héctor José Lara **Seudónimo:** HL **Sexo: masculino** **Edad:** 29años **Formación:** profesor de Biología, cursante de la Maestría en Enseñanza de la Biología **Años de Servicio:** 3 años **Asignatura:** Fundamentos de Biología **Tiempo Impartiendo la Asignatura:** 1 año
Descripción Adulta joven, soltera, apariencia sana, delgada, mide aproximadamente 1.65 metros, cara alargada, piel morena, pelo liso negro, tono de voz agudo, movimientos rápidos, viste chemise naranja, pantalones blue jeans, zapatos deportivos. Docente graduada de la UPEL, Maracay hace 4 años en la Especialidad	**Descripción** Adulto mayor, soltero, apariencia sana, delgado mide aproximadamente 1,75 metros, piel blanca, mirada penetrante, cabello negro, corto y liso,	**Descripción** Adulto joven, soltero, apariencia sana, mide aproximadamente 1.65 metros, piel blanca, mirada alegre, cabello negro, corto, tono de voz aguda, se ríe con facilidad, viste camisa

de Física, culminando la Maestría en Enseñanza de la Física, profesora en periodo de prueba, entro por concurso de oposición en el área de Óptica Moderna hace un año.	tono de voz alta, no se ríe con facilidad, persona sencilla, viste camisa blanca y pantalones negros casuales, zapatos negros, usa reloj. Docente graduado en: Técnico en Química, Licenciado en Química, Maestría en educación Superior, Maestría en Estadística, Especialización en Catálisis, Doctor en Educación. Cordial y dispuesto en colaborar para responder las interrogantes.	negra con pantalón beige, zapatos negros. Docente Asistente a tiempo completo del Departamento de Biología, cursante de la Maestría en Enseñanza de la Biología, de la UPEL, Maracay.

Elaborado por la Investigadora Vásquez (2016)

Cuadro 3. Matriz Descripción Física y Demográfica de los Informantes Clave. Estudiantes que ya cursaron Fundamentos de Física, Fundamentos de Química y Fundamentos de Biología, EYC1, EYC2, EYC3.

EYC1	EYC2	EYC3
Seudónimo: AM **Sexo:** femenino **Edad:** 23 años **Semestre: 8vo** **Asignatura:** Fundamentos de Física **Descripción** Joven soltera, de apariencia sana, mide aproximadamente 1.58 metros, delgada, piel blanca, ojos grandes, usa	**Seudónimo:** FS **Sexo:** femenino **Edad:** 22 años **Semestre: 9no** **Asignatura:** Fundamentos de Química **Descripción** Joven soltera, delgada, apariencia sana, mide aproximadamente 1.60 metros, piel blanca, ojos grandes, cabello claro, liso, mirada alegre, se ríe	**Seudónimo:** GA **Sexo:** femenino **Edad:** 21 años **Semestre: 9no** **Asignatura:** Fundamentos de Biología **Descripción** Joven soltera, robusta, apariencia sana, mide aproximadamente 1.70 metros, piel morena, ojos grandes, cabello

lentes, cabello liso, oscuro y largo, tono de voz alto, viste camisa rosada con pantalón blue jeans y sandalias blancas. Estudiantes del 8vo semestre de Biología, utiliza normas de cortesía, muy atenta y dispuesta a responder cada una de las interrogantes planteadas.	con facilidad, tono de voz alta, viste franela blanca con jeans negro y sandalias negras. Estudiante del 9no semestre de la Biología, preparadora de Organografía Vegetal, utiliza normas de cortesía, atenta y dispuesta a responder con facilidad las interrogantes.	negro, rizado, mirada alegre, tono de voz bajo, viste franela azul con blue jeans, zapatos deportivos. Estudiante del 9no semestre de Biología, Preparadora de Biología Vegetal, utiliza normas de cortesía, muy atenta y describió con facilidad las interrogantes que se le realizaron.

Elaborado por la Investigadora Vásquez (2016)

Cuadro 4. Matriz Descripción Física y Demográfica de los Informantes Clave. Estudiantes cursantes de Fundamentos de Física, Fundamentos de Química y Fundamentos de Biología, EYC1, EYC2, EYC3.

EYC1	EYC2	EYC3
Seudónimo: MG **Sexo:** femenino **Edad:** 18 años **Semestre:** 1er **Asignatura:** Fundamentos de Física **Descripción** Joven soltera, apariencia sana, cordial, mide aproximadamente 1.60 metros, piel morena cabello rizado delgada, se sonríe con facilidad, viste blue jeans, camiseta rosada, sandalias marrón, dispuesta a responder las interrogantes, estudiante	**Seudónimo:** SB **Sexo:** femenino **Edad:** 19 años **Semestre:** 1er **Asignatura:** Fundamentos de Química **Descripción** Joven soltera, apariencia sana, cordial, mide aproximadamente 1.56 metros, piel blanca cabello liso y largo, delgada, se sonríe con facilidad, viste jeans blanco, franela negra, sandalias negras, dispuesta a responder las	**Seudónimo:** LB **Sexo:** femenino **Edad:** 19 años **Semestre:** 2do **Asignatura:** Fundamentos de Biología **Descripción** Joven soltera, apariencia sana, cordial, mide aproximadamente 1.65 metros, piel morena cabello liso corpulenta, se sonríe con facilidad, viste blue jeans, camisa a cuadros

regular de nuevo ingreso en la especialidad de Biología.	interrogantes, estudiante regular de nuevo ingreso en la especialidad de Biología.	verdes, zapatos negros deportivos, dispuesta a responder las interrogantes, estudiante regular del segundo semestre de Biología.

Elaborado por la Investigadora Vásquez (2016)

En esta vertiente también se incluyó la observación participante y la entrevista semiestructurada, en cuanto a la primera La observación se describe, como el uso sistemático de los sentidos orientados a la captación de la realidad que se estudia. Consiste en estar a la expectativa frente al fenómeno, del cual se toma y se registra información para su posterior análisis; en ella se apoya el investigador para obtener el mayor número de datos.

En el caso de esta investigación la observación fue participante, ya que el investigador se pone en contacto personalmente con el hecho o fenómeno que trata de investigar. En este sentido, en el presente estudio se observaron elementos de orden interno y externo, en cuanto a los internos relacionados con los docentes y estudiantes de estas asignaturas científicas como por ejemplo: características y cualidades físicas, profesionales, actitudinales, motivacionales, interacción teórico- práctica y contextualización, praxis pedagógica, manejo del programa de las asignaturas por una parte.

Por la otra parte, se observaron elementos de orden externos, relacionados con el escenario en estudio, infraestructura, dotación de laboratorios, organización del aula para la enseñanza de las ciencias naturales, recursos institucionales y didácticos para la praxis pedagógica, actualización y cumplimiento del programa de las asignaturas. Vale destacar que estas observaciones fueron anotadas detalladamente en el diario de campo.

Por su parte la entrevista como técnica, que según Arias (1997), la define más que un simple interrogatorio, es una técnica basada en un dialogo o conversación cara a cara, entre el entrevistador y el entrevistado acerca de un tema previamente determinado, de tal manera que el entrevistador pueda tener la información requerida.

En esta investigación se utilizó la Entrevista Semiestructurada, esta técnica de conversación informal genera información sobre la situación que se investiga, expresada por las propias palabras de los actores o sujetos de estudio. En este caso, puede servir como instrumento para registrar las respuestas el grabador o la cámara de video, también se utilizarán registros anecdóticos, cuaderno de notas y de campo.

Fiabilidad en la Investigación cualitativa.

Para Rodríguez (2007), el concepto de fiabilidad, también se ve modificado en el marco de una investigación de corte cualitativo. El criterio de fiabilidad indica el grado en que los resultados se repetirán en la investigación. Los contextos sociales, culturales e históricos propios de las investigaciones cualitativas están en constante transformación. Esto genera un problema a la hora de garantizar la replicabilidad de los resultados. Por ello, en lugar de hablar del criterio de fiabilidad propio del método cuantitativo, se utiliza el criterio de dependencia, esto es, el carácter de vinculación de los resultados a un contexto socioecológico concreto.

Por otra parte, Flick (2007) sostiene que la fiabilidad en la investigación cualitativa se reduce a la necesidad de explicar dos aspectos: (a) la génesis de los datos de modo que sea posible comprobar. (b) los procedimientos en el campo o en la entrevista se hacen explícitos al revisar la comprobación.

Vertiente Cuantitativa

En esta parte se elaboró la encuesta, al cuestionario se determinó su validez y confiabilidad, se aplicó a la población y muestra de estudiantes y docentes seleccionados y se realizó el mapa de variable para el objetivo cuantitativo seleccionado. La información obtenida se tabuló y organizó en base al análisis porcentual y finalmente se hizo un análisis reflexivo de los resultados obtenidos y se confrontaron con las diferentes teorías de entrada.

Población y muestra.

Con respecto a la población, Arias (2006), define como un conjunto finito o infinito de elementos con características comunes para los cuales serán extensivas las conclusiones de la investigación. La población de esta investigación está integrada por tres secciones de las asignaturas Fundamentos de Física, Química y Biología, conformadas cada una por 15 estudiantes cursantes y tres secciones de estudiantes que ya la cursaron integradas también por 15 educandos. La población se tomó en su totalidad por lo que es un estudio censal.

Cuadro 5. Muestra Censal

Asignaturas	Población Estudiantil Cursando	Población Estudiantil que ya Cursaron	Total de Estudiantes
Fundamentos de Física	15	15	**30**
Fundamentos de Química	15	15	**30**
Fundamentos de Biología	15	15	**30**
			Total=90

Fuentes: Elaborado por la Investigadora Vásquez (2016)

Cuadro 6. Características Sociodemográficas de los Estudiantes Cursante de Fundamentos de Física, Fundamentos de Química y Fundamentos de Biología

Ítems	Características	Opciones	Respuestas	%
1	Género	Masculino	5	11%
		Femenino	40	89%
2	Edad	Menos de 25 años	45	100%
		De 25 a 30 años	-	-
		De 31 a 35 años	-	-
		Más de 35 años	-	-
3	Experiencia Docente	Ninguna	30	67%
		Menos de 1 año	15	33%
		De 1 a 3 años	-	-
		Más de 3 años	-	-

Elaborado por la Investigadora Vásquez (2016)

Tomando como referente las características sociodemográficas de los estudiantes cursantes objeto de estudio, se puede evidenciar que en cuanto al género en un 89% eran mujeres y en un 11% eran hombres lo que permite describir la inclinación del sexo femenino por estudiar las carreras científicas, en el caso de la edad la mayoría estaba comprendida en menores de 25 años en un 100%, lo que señala que al pertenecen al primer y segundo semestres de la carrera de Biología están comprendidos entre 18,19, y 20 años, por su parte en la experiencia docente un 67% no tenía experiencia, o practicaba otras labores y un 33% tenía menos de un año en la práctica docente haciendo suplencias o dando tareas dirigidas.

Cuadro 7. Características Sociodemográficas de los Estudiantes que ya Cursaron Fundamentos de Física, Fundamentos de Química y Fundamentos de Biología.

Ítems	Características	Opciones	Respuestas	%
1	Género	Masculino	15	33%
		Femenino	30	67%
2	Edad	Menos de 25 años	35	78%
		De 25 a 30 años	10	22%
		De 31 a 35 años	-	-
		Más de 35años	-	-
3	Experiencia Docente	Ninguna	40	89%
		Menos de 1 año	5	11%
		De 1 a 3 años	-	-
		Más de 3 años	-	-

Elaborado por la Investigadora Vásquez (2016)

Tomando como referente las características sociodemográficas de los estudiantes ya cursantes objeto de estudio, se puede evidenciar que en cuanto al género en un 67% eran mujeres y en un 33% eran hombres lo que permite describir la inclinación del sexo femenino por estudiar las carreras científicas, en el caso de la edad la mayoría estaba comprendida en menores de 25 años en un 78%, y en un 22% de 25 a 30 años de edad lo que señala que al pertenecen a semestres avanzados de la carrera de Biología están comprendidos en estas edades, por su parte en la experiencia docente un 89% no tenía experiencia, o practicaba otras labores y un 11% tenía menos de un año en la práctica docente donde algunos ya son interinos no graduados del Ministerio para el Poder Popular de la Educación.

En cuanto a los cursos seleccionados se hizo en virtud a que son asignaturas que tienen entre sus contenidos instruccionales la necesidad de integrar las ciencias naturales y se debe manejar conocimientos tanto de las ciencias fácticas como de las formales, para entender los procesos biológicos de los seres vivos.

Mapa de Variables.

Para Stracuzzi y Pestana (2003), lo describen como un sistema donde es menester valerse de la definición conceptual y operacional de cada una de las dimensiones e indicadores de las variables en correlación con los objetivos de la investigación.

Cuadro 8. Mapa de Variables

	Variable	Dimensiones	Indicadores	Items
Objetivo Específico		Características del docente	Formación	1,2
			Visión de la ciencia	3,4,5,7,8,9
Explicar los aspectos relacionados con los docentes, estudiantes, programas, institución y sociedad, que intervienen en la enseñanza de las Ciencias Naturales y en la formación de docentes en la universidad caso de estudio.	Aspectos intervinientes en la enseñanza	Características del estudiante	Formación	10,11
			Visión de la ciencia	12,13
		Programas	Enseñanza	14,15,16,17,18,19,
			Visión de las Ciencias	20,21,22,23
		Institución	Infraestructura,	24
			Laboratorios	25,26,27,28,29
			Dotación	30,31,32
		Sociedad	Realidad	33,34
			Políticas educativas.	35,36

Elaborado por la Investigadora Vásquez (2016)

En torno a las técnicas e instrumentos de recolección de información para esta etapa se incluyó la encuesta la cual fue la otra técnica destinada a obtener datos de varias personas cuyas opiniones interesan al investigador, como lo describe Stracuzzi y Pestana (2003). El instrumento que se utilizó para la misma fue el cuestionario.

Un instrumento de recolección de datos es cualquier recurso, dispositivo o formato (en papel o digital), que se utiliza para obtener, registrar o almacenar información, en el caso de este estudio se utilizarán instrumentos como: El cuestionario para Stracuzzi y Pestana (2003), lo definen como "un instrumento de investigación que forma parte de la técnica de la encuesta, es fácil de usar, popular y con resultados directos."

En este estudio el cuestionario fue organizado en dos partes, la primera orientada hacia los datos sociodemográficos como: sexo, edad, experiencia docente y la segunda parte enfocada en la variable aspectos intervinientes en la enseñanza con sus dimensiones: perfil docente, características del estudiante, programas, institución y sociedad, describiendo cada ítems con preguntas cerradas, tipo escala con alternativas de respuestas que van de la siguiente manera: Totalmente de Acuerdo (TDA), De Acuerdo (DA), Ni de Acuerdo ni en Desacuerdo(A/D), En Desacuerdo(ED) y Totalmente en Desacuerdo (TED). las cuales permiten describir las respuestas de la población estudiantil pertenecientes a las asignaturas Fundamentos de Física, Química y Biología.

Validez y Confiabilidad.

Hernández, Fernández y Baptista (2000), consideran que "la validez en términos generales, se refiere al grado en que un instrumento realmente mide la variable que pretende medir". Por consiguiente, para Stracuzzi y Pestana (2003), la validez se define como la ausencia de sesgos, representa la relación entre lo que se mide y aquello que realmente se quiere medir.

En la mayoría de los casos, se recomienda determinar la validez mediante la técnica del juicio de expertos, la cual se utilizó para esta investigación, consiste en entregarle a tres, cinco o siete expertos en la materia y en metodología y construcción de instrumentos un ejemplar del instrumento para sus respectiva matriz acompañada de los objetivos de la investigación, el sistema de variables y una serie de criterios para cualificar las preguntas. Estos revisaron el contenido la redacción y la pertinencia de cada reactivo para que el investigador efectúe las debidas correcciones, en los casos que lo considere necesario.

En este mismo orden de ideas se usó también la prueba piloto para validar el instrumento la cual para Palella y Martins (2012), debe garantizar las mismas condiciones de realización que el trabajo de campo real, su función es contrastar hasta qué punto funciona el instrumento, como se pretendía en un primer momento y verificar si las preguntas provocan la reacción deseada. En este sentido la prueba piloto permite verificar si el instrumento responde a los objetivos, así como también la comprensión de las preguntas y aceptabilidad por parte del encuestado e idoneidad en la secuencia.

Por otra parte la confiabilidad, es definida como la ausencia de error aleatorio en un instrumento de recolección de datos. Representa la influencia del azar en la medida; es decir, es el grado en el que las mediciones están libres de la desviación producida por los errores causales. Además, la precisión de una medida es lo que asegura su repetibilidad (si se repite da el mismo resultado).

Tomando como referente lo antes expuesto, también se puede citar a Ruíz (2002), cuando menciona que los resultados obtenidos en un instrumento de medición constituyen la medida verdadera de la propiedad que se pretende medir y recalca que el término confiabilidad es sinónimo de seguridad. Por consiguiente esta seguridad se calcula por la confiabilidad de los instrumentos empleados en una investigación.

En el caso de este estudio se utilizó el coeficiente alfa de Crombach, ya que es una de las técnicas que permite establecer el nivel de confiabilidad que es, junto con la validez, un requisito mínimo de un buen instrumento de medición presentado con una escala tipo Likert (Stracuzzi, 2003). Se dice también que la información que se debe ingresar es por lo menos cuántos ítems tienen el instrumento y las respuestas obtenidas de una muestra de sujetos.

Coeficiente Alfa de Crombach:

$$\alpha = \left[\frac{k}{k-1}\right]\left[1 - \frac{\sum_{i=1}^{k} S_i^2}{S_t^2}\right],$$

- S_i^2 es la varianza del ítem i,
- S_t^2 es la varianza de los valores totales observados y
- k es el número de preguntas o ítems.

Cálculos de coeficiente para el instrumento utilizado:

$$\alpha = \frac{10}{10-1} \times \frac{[\ 1- \Sigma 18,69\ ]}{74,01}$$

$$\alpha = \frac{10}{9} \times [\ 1-0,25\ ]$$

$$\alpha = 1,1 \times 0,75 = 0,83$$

α coeficiente de confiabilidad.= 0,83 lo que evidencia la confiabilidad dentro del criterio muy alta.

Vertiente Integrativa

En esta fase se integraron los resultados cuantitativos, los hallazgos cualitativos y cuantitativos, así como los aportes de los teóricos en el proceso de la triangulación y la teorización.

Para Denzin (1970), la triangulación, es la combinación de dos o más teorías, fuentes de datos, métodos de investigación, en el estudio de un fenómeno singular. La triangulación tiene que ver con la aplicación en un mismo estudio de formas alternativas y complementarias de obtener los datos, de procesar la información por diversos procedimientos e interpretarla en el marco de diferentes teorías, concepciones y conceptualizaciones para que confirmen o den indicios de la diversidad con que se muestra el fenómeno estudiado y para finalizar se formularán las diversas conclusiones.

Para finalizar en la teorización, emergen como lo señala Martínez (2003), nuevas estructuras conceptuales y organizativas, provenientes de la construcción de saberes sustentadas en la interpretación hermenéutica de la información recabada en el desarrollo investigativo.

La teorización, para Gómez y Lecompte (1999), es un proceso cognitivo que consiste en el descubrimiento y en la manipulación de las categorías a nivel de la abstracción y la relación que se puede derivar de ellos, procurando desarrollar o confirmar el cómo y el porqué de los fenómenos. En este sentido en relación a la teorización, surge como una innovadora estructura conceptual y organizativa, proveniente de la construcción de saberes basado en la interpretación hermenéutica de la información, obtenida en el desarrollo y a lo largo de la investigación.

Cuadro 9. Resumen Metodológico

Objetivos Específicos	Métodos	Técnicas	Muestras o Informantes
Vertiente Cualitativa Interpretar la realidad en torno a la enseñanza de las Ciencias naturales en la formación de docentes de Biología en la UPEL, Maracay.	**Método Cualitativo:** Fenomenológico Hermenéutico	Informantes clave La Observación Participante La Entrevista a Profundidad Categorización Estructuración	Nueve informantes clave: Tres docentes Seis estudiantes
Vertiente Cuantitativa Explicar los aspectos relacionados con los docentes, estudiantes, programas, institución y sociedad que intervienen en la enseñanza de las Ciencias Naturales y en la formación de docentes en la universidad caso de estudio.	Estudio Explicativo Método Inductivo	Encuesta, Cuestionario	90 estudiantes
Vertiente Integrativa Interarticular los elementos relacionados con los docentes, estudiantes, programas, instituciones y sociedad, con los constructos teóricos acerca de la enseñanza de las Ciencias Naturales en la formación de docentes, desde una visión de integración.	Estudio Teórico	Triangulación Teorización	

Elaborado por la Investigadora Vásquez (2016)

CAPITULO IV

RESULTADOS Y HALLAZGOS

En este capítulo se presentan los resultados y hallazgos obtenidos producto de la aplicación de las técnicas seleccionadas descritas en cada una de las vertientes tanto la cuantitativa, como la cualitativa e integrativa, las cuales se presentan a continuación:

Vertiente Cualitativa

En esta vertiente se plasman los hallazgos cualitativos que se evidenciaron de los informantes clave objeto de estudio, los cuales se obtuvieron de la aplicación de la entrevista semiestructurada y que sirvieron para desarrollar esta vertiente donde se caracterizaron las diferentes cualidades necesarias para corroborar la problemática en estudio.

Cuadro 10.

Categorización de los Docentes

Categorías	Subcategorías		Requerimientos
	Realidad		
	Desfavorable	**Favorable**	
Experiencia Docente	Poca experiencia. Resistencia al cambio.	Alta experiencia Perfil básico Integral Experimental	Inventiva
Praxis Pedagógica	Desvinculación de temas. Desvinculación de la realidad.	Ejemplificación.	Integral

		Integración de algunos contenidos. Saberes previos Vinculación de la realidad social	Interactiva Teoría- Práctica
Praxis Pedagógica	Desvinculación de las políticas. Desacuerdo con las políticas. No se consideran los cambios curriculares.	Integración de algunos contenidos. Saberes previos Vinculación de la realidad social	Interactiva Teoría- Práctica Contextualizació n Reforzamiento
Programa	Se obvian los contenidos	Promueve la integración	Flexibles
Estudiantes de Biología	Debilidades Previas Resistencia a la transformación	Nivelación	Conocer las conductas previas

Elaborado por la Investigadora Vásquez (2016)

Tomando como referente el cuadro 10, se describen las cuatro categorías docentes derivadas del estudio: experiencia docente, praxis educativa, programa, estudiantes, de las cuales se generaron diez subcategorías en relación a la realidad desfavorable, donde se tiene poca experiencia y resistencia al cambio por parte del docente, desvinculación de los temas y de la realidad, así como de las políticas educativas, ya que no se consideran los cambios curriculares actuales. Por otra parte; se generaron a su vez, ocho subcategorías favorables en la que se incluye el perfil integral experimental, la ejemplificación, la integración de contenidos y saberes previos, la vinculación de la realidad social donde se promueve la integración y la nivelación, de igual manera se obtuvieron siete requerimientos como la inventiva, la integralidad interactiva, la teoría y la práctica la contextualización y el reforzamiento para conocer las conductas previas.

Partiendo de lo antes descrito los profesores señalaron que en cada categoría se abordan los elementos necesarios para la enseñanza integradora de las ciencias, pero es cada docente el que debe vincular los contenidos programáticos y utilizarlo dependiendo de la caracterización pedagógica de cada curso así como dependiendo de los interés y necesidades de cada estudiante, es por esta razón que Gómez (2006), describe que dentro de todo programa de curso debe estar inmerso el desarrollo de competencias del perfil de cada futuro docente de ciencias naturales, contemplando el establecimiento de condiciones académicas y profesionales que le permitan al estudiante formarse en los conocimientos del campo científico, pedagógico, didáctico e investigativo, así como en las diferentes competencias cognitivas para el manejo de información, la autorregulación de sus aprendizajes, la resolución de problemas, competencias comunicativas y manejo de las TIC y las actitudes que le permitan un ejercicio competente como docente.

Cuadro 11.

Categorización de los Estudiantes que ya Cursaron

Categorías	Subcategorías		
	Realidad		Requerimientos
	Desfavorable	Favorable	
Experiencia Docente	Desvinculación de contenidos Poca ejemplificación de la teoría y la práctica	Interarticula los contenidos con la realidad	Preparación Constante Reforzamiento
Praxis	Falta de interacción teórico –práctica.	Experiencia docente integral	Habilidades y destrezas en la enseñanza

Pedagógica	Obvian contenidos programáticos. Debilidades en el uso de estrategias	Cumplir con los contenidos programáticos Trabajos prácticos	integral de las ciencias
Programas	Poco conocimiento de la transdisciplinariedad Obvian planificación de contenidos integradores Debilidades en la comprensión de procesos	Práctica la transdisciplinaried ad Realiza analogías con la realidad	Interactividad Integralidad
Estudiantes de Biología	Debilidades para integrar las ciencias Resistencia al cambio	Integra los conocimientos previos Realiza contextualización con la realidad	Identifica los conocimientos previos Contextualiza

Elaborado por la Investigadora Vásquez (2016)

En el presente cuadro 11, de las categorías obtenidas en por los estudiantes ya cursados, se puede mencionar que se presentaron cuatro categorías orientadas a la experiencia docente, la praxis pedagógica, los programas y loe estudiantes de Biología, además se describieron diez subcategorías desfavorables, dentro de las cuales están la desvinculación de los contenidos y la poca ejemplificación de la teoría y la práctica, se obvian contenidos y hay debilidades en el uso de estrategias, poco conocimiento en la transdisciplinariedad, así como en la planificación de contenidos integradores, debilidades en la comprensión de procesos para integrar las ciencia y la resistencia al cambio. Por otra parte surgieron siete subcategorías favorables que se orientaron a la experiencia integral docente, cumplimiento de los contenidos programáticos y de trabajos prácticos transdisciplinarios, se realizan analogías con la realidad para interarticular los contenidos e integrar contenidos previos. En este mismo orden de ideas se generaron seis requerimientos habilidades y destrezas en la enseñanza integral de las ciencias, interactividad e integralidad, preparación constante y reforzamiento identificación de conocimientos previos.

La totalidad de las entrevistadas consideraron de relevancia la integración de los conocimientos para comprender las ciencias naturales, lo que trae consigo la importancia de esta investigación, ya que se pone de manifiesto lo descrito por Roegiers (2007), cuando señala que al integrar conocimientos los aprendizajes serán articulados y ayudarán a contextualizar los saberes para su futura aplicación en la realidad.

Es por ello que se desarrollarán competencias básicas y de perfeccionamiento para ejecutarlas en la praxis del futuro docente. Vale destacar que al integrar conocimientos se recalca la articulación teórico-práctica la cual ayuda a organizar los aprendizajes significativos y esto ayudarán a relacionar contenidos básicos o universales con contenidos específicos que se utilizarán en cursos posteriores a estos los cuales son pilares fundamentales del futuro docente de biología y que el mismo debe usarlos diariamente en su praxis docente.

Cuadro 12.

Categorización de los Estudiantes Cursantes

Categorías	Subcategorías		
	Realidad		Requerimientos
	Desfavorble	Favorable	
Experiencia Docente	Debilidad para comprender la Biología Pocos aprendizajes integradores	Comprensión de fenómenos Integración Experimentación	Despertar el interés de los actores educativos, inventiva
Praxis Educativa	Obvian clases experimentales Debilidades en la Interarticulacion de las áreas científicas	Ejemplificación Interacción Integración transformación	Reforzar los contenidos programáticos
Programas	Pocas analogías con la realidad Debilidades en la transdisciplinaried ad de los conocimientos científicos	Contextualiza Interarticulación de contenidos	Relacionar los contenidos de los programas de los cursos
Estudiantes de Biología	Debilidades en los conocimientos previos Conocimientos desvinculados con la realidad	Conductas iniciales Nivelación de conocimientos	Evaluación diagnóstica

Elaborado por la Investigadora Vásquez (2016)

Como se evidencia en el cuadro 12, de las categorías de los estudiantes cursantes, se generaron cuatro categorías relacionadas con la experiencia docente, la praxis educativa los programas y los estudiantes de biología, las cuales sirvieron para generar ocho subcategorías desfavorables dentro de las cuales se observa que se obvian clases experimentales y debilidades en la interarticulación de las áreas científicas, debilidades para comprender la biología y pocos aprendizajes integradores, se realizan pocas analogías con la realidad y debilidades en los conocimientos transdisciplinarios, así como debilidades en los conocimientos previos.

En este mismo orden de ideas, se fundamentaron once subcategorías favorables, relacionadas con la comprensión de fenómenos, la integración y la experimentación, así como también la contextualización y la Interarticulación de contenidos, las conductas iniciales y la nivelación de conocimientos, la ejemplificación, la interacción, la integración y la transformación del currículo universitario.

Tomando en consideración lo descrito por las entrevistadas y las categorías derivadas en este estudio, se puede evidenciar que si es necesario que dentro de la formación como futuras docentes se integren los contenidos físicos, químicos y biológicos, ya que por ser organismos vivos se está en constante interacción entre los elementos biofisicoquímicos que integran la vida, por una parte pero por otra es cierto que algunos docentes no integran y obvian los contenidos en los cuales sería pertinente la vinculación de conocimientos.

Vale destacar que dentro de la formación de todo profesor de ciencias naturales deben surgir nuevas perspectivas a la emergencia de nuevas maneras de concebir el conocimiento y el proceso de las ciencias por ellos se deben plantear nuevas interrogantes que permitan reorientar la enseñanza aprendizaje de las ciencias y es mediante la integración de estas áreas científicas como se debe comenzar a reorientar el proceso educativo actual de las ciencias como lo describe Díaz (2003).

Tomando como referente los cuadros anteriores de las categorías Docente, Estudiantes Cursantes y que ya cursaron, se describe en la siguiente figura las categorías finales que surgieron en este estudio:

Figura 1. Categorización Final

Elaborado por la Investigadora Vásquez (2016)

Vertiente Cuantitativa

En esta vertiente se evidencian los resultados cuantitativos de la investigación, los cuales se obtuvieron de la aplicación del instrumento a escala del cual se extrajeron los datos por dimensión e indicadores que sirvieron para canalizar si los resultados son favorables o desfavorables para este estudio y se representan a continuación en los siguientes cuados y su respectiva gráfica de barra:

Cuadro 13-A

Dimensión Características del Docente según Indicador Formación. Percepción de Estudiantes Cursantes y que ya Cursaron:

Ítems	% Favorable Cursantes	%Favorable Que ya cursaron
1¿La formación del profesor Biología es integradora?	22 %	11%
2¿La experiencia de los docentes de Biología es suficiente para garantizar la comprensión de la misma?	44%	22%
Promedio	33%	17%

Elaborado por la Investigadora Vásquez (2016)

Tomando como referente el cuadro anterior 13-A, se observa que los estudiantes cursantes respondieron en un 22% que la formación del profesor de biología no es integradora al igual que los ya cursados que en un 11% respondieron que la formación del profesor de biología no es integradora ni contextualizada, lo que evidencia la necesidad de realización de este estudio. Por otra parte el 11% de estudiantes que ya cursaron estas asignaturas, respondieron que la formación del profesor de biología no es integradora y el otro 22% que la experiencia en la integración no es suficiente para la comprensión de la misma.

Cuadro 13-B Dimensión Características del Docente según Indicador Visión de las Ciencias, Percepción de Estudiantes Cursantes y que ya Cursaron

Ítems	% Favorable Cursante	%Favorable Que ya cursaron
3¿Los docentes de biología manifiestan una visión integradora de las ciencias naturales?	0	11%
4¿El profesor enfoca el curso Fundamentos de Biología enfoca desde la perspectiva transdiscip inaria?	44%	11%
5¿El profesor enfoca el curso Fundamentos de Física desde la perspectiva transdisciplinaria?	44%	22%
6¿El profesor enfoca el curso Fundamentos de Química desde la perspectiva transdisciplinaria?	33%	44%
7¿EL profesor de Fundamentos de Física interrelaciona los conocimientos biofisicoquímicos con la realidad circundante?	0	22%
8¿EL profesor de Fundamentos de Química interrelaciona los conocimientos biofisicoquímicos con la realidad circundante?	0	33%
9¿EL profesor de Fundamentos de Biología interrelaciona los conocimientos biofisicoquímicos con la realidad circundante?	0	22%
Promedio	**17%**	**24%**

Elaborado por la Investigadora Vásquez (2016)

Tomando en consideración el cuadro anterior 13-B, se evidencia en los estudiantes cursantes que en un 44% el profesor no enfoca los cursos tanto de Fundamentos de Biología, como de Física hacia la perspectiva transdisciplinaria, así mismo manifiestan que el 33% de los profesores de química también presentan debilidades para abordar este curso desde la perspectiva transdisciplinaria.

Por su parte en los ya cursados se observa que solo el 11% de los docentes de biología manifiestan una visión integradora de las ciencias lo que demuestra la debilidad en la temática de estudio, en un 11% el profesor de biología , en un 22% el profesor de física y en un 44% el profesor de química adoptan la perspectiva transdisciplinaria en su clase, así mismo el 22% de los docentes de física el 33% de los de química y el 22% de los de biología interrelacionan los conocimientos biofisicoquímicos con la realidad circundante lo que evidencia la debilidad en esta temática en estudio.

Cuadro 13-C

Dimensión Características del Docente. Estudiantes Cursantes y que ya Cursaron.

Indicador	% Favorables Cursantes	% favorables que ya cursaron
Formación	33%	17%
Visión de las Ciencias	17%	24%
Promedio	25%	20%

Elaborado por la Investigadora Vásquez (2016)

Tomando en consideración el resultado de los cuadros 13-A y 13-B, resumido en el cuadro 13-C, se evidencia según la respuesta de los estudiantes que cursantes y que ya cursaron las asignaturas Fundamentos de Física, Fundamentos de Química y Fundamentos de Biología que en un promedio de 25% los docentes deberían manifestar sus clases de manera integral y desde una perspectiva transdisciplinaria, para que se contextualice con la realidad circundante, la cual no se lleva a cabo en la praxis educativa actual, por su parte el 20% de los ya cursados, consideran que tanto los estudios realizados por los docentes como su experiencia no favorece la enseñanza integral de las ciencias.

En este sentido se puede citar a: Gómez (2006), donde enfatiza que el profesor de ciencias naturales debe tener sólidos conocimientos sobre los procesos biofisicoquímicos y metodológicos para que apunten al despertar del estudiante y a su capacidad creativa e inventiva, para abordar conocimientos científicos, además de conocer los fundamentos psicopedagógicos que desarrollen habilidades y destrezas de los estudiantes de estas áreas del conocimiento científico.

Cuadro 14-A

Dimensión Características del Estudiante, según Indicador Formación, Percepción de Estudiantes Cursantes y que ya Cursaron

Ítems	% Favorables cursantes	%Favorables que ya cursaron
10¿La formación del estudiante es transdiscipl naria?	22%	11%
11¿La formación del estudiante se fundamenta en una visión integrada de las Ciencias Naturales?	33%	44%
Promedio	28%	28%

Elaborado por la Investigadora Vásquez (2016)

Tomando como referente el cuadro 14-A, de los estudiantes cursantes en un 22% consideran que la formación docente debería ser transdisciplinaria cosa que no practica en la realidad de igual manera el 11% de los estudiantes ya cursados demuestran en sus respuestas que la formación no es transdisciplinaria, en cuanto a la formación del estudiante no se fundamenta en la visión ntegrada de las ciencias naturales en un 33% y otro 44% de los ya cursantes consideran que no se fundamenta la visión de integración en la enseñanza científica

Cuadro 14-B

Dimensión Características del Estudiante según Indicador Visión de la Ciencia, Percepción de Estudiantes cursantes y que ya cursaron

Ítems	% Favorables cursantes	%Favorables que ya cursaron
12¿Cómo futuro docente de Biología tienes como hábito vincular el estudio de esta ciencia con otras disciplinas?	44%	22%
13¿En sus estudios de Biología vincula los conocimientos científicos previos con los nuevos?	22%	22%
Promedio	**33%**	**22%**

Elaborado por la Investigadora Vásquez (2016)

En el cuadro 14-B, se evidencia en un 44% que el futuro docente no tiene por hábito vincular el estudio de las ciencias con otras disciplinas a su vez el 22% consideran que no se vinculan los conocimientos previos con los nuevos. Por otra parte, en los estudiantes que ya cursaron en un 22% se observa la gran debilidad de no vincular la biología con otras ciencias, así como los conocimientos previos con los nuevos.

Cuadro 14-C

Dimensión Características del Estudiante. Estudiantes cursantes y que ya cursaron

Indicador	% Favorables Cursantes	%Favorables que ya cursaron
Formación	28%	28%
Visión de las Ciencias	33%	22%
Promedio	31%	25%

Elaborado por la Investigadora Vásquez (2016)

En cuanto a las características de los estudiantes cursantes y los que ya cursaron se evidencia como lo refleja el cuadro 14-A y 14-B, resumido en el cuadro 14-C, que el 31% de los estudiantes encuestados no presentan las características determinadas para el aprendizaje significativo de las ciencias naturales en cuanto a la visión integrada de las ciencias y a la formación transdisciplinaria del estudiante.

Por su parte el otro 25% de los estudiantes encuestados señalan que es necesario implementar un buen hábito de estudio para comprender las ciencias, así como también tomar en consideración los conocimientos previos para vincular los contenidos con los nuevos para comprender de manera integral las ciencias naturales, pero en la realidad no se practica en la enseñanza científica actual y se evidencia en las encuestas realizadas en esta investigación.

En este sentido se puede citar a la UNESCO (2006), en su artículo 5° la cual describe que en la preparación del estudiante se debe promover el saber mediante la investigación en el ámbito científico, para generar un progreso en la investigación, fomentar la innovación en las áreas científicas para fundamentar el perfil del estudiante de las ciencias naturales.

Así mismo se puede describir a Ausubel (1996), el cual argumenta que la clave del aprendizaje significativo está en la relación que se pueda establecer entre el nuevo material y las ideas ya existentes en la estructura cognitiva del sujeto. Por lo expuesto, la eficacia de este tipo de aprendizaje radica en su significatividad y no en técnicas memorísticas.

Los conocimientos previos para el autor antes citado, son construcciones personales que los sujetos han elaborado en interacción con el mundo cotidiano, con los objetos, con las personas y en diferentes experiencias sociales o escolares; es por ello que la interacción con el medio proporciona conocimientos para interpretar conceptos pero también deseos, intenciones o sentimientos de los demás; aunque alguna veces los conocimientos previos que construyen los sujetos no siempre poseen validez científica. Es decir, pueden ser teóricamente erróneos; estos conocimientos suelen ser bastante estables y resistentes al cambio y tienen un carácter implícito el cual puede ayudar a procesar la información nueva dependiendo del interés y la necesidad de cada estudiante.

Cuadro 15-A

Dimensión Programa según Indicador Enseñanza, Percepción Estudiantes cursantes y que ya cursaron

Ítems	% Favorables cursantes	%Favorables que ya cursaron
14¿La enseñanza de la Biología requiere de la integración con otras ciencias?	56%	56%
15¿En la enseñanza del curso Fundamentos de Física, se vincula la realidad científica?	44%	44%
16¿En la enseñanza del curso Fundamentos de Química, se vincula la realidad científica?	33%	11%
17¿En la enseñanza del curso Fundamentos de Biología, se vincula la realidad científica?	22%	22%
18¿La integración de conocimientos biofisicoquímicos se vinculan con la enseñanza científica actual?	33%	11%
19¿El profesor utiliza las estrategias diversas para enseñar Ciencias Naturales?	22%	22%
Promedio	**35%**	**28%**

Elaborado por la Investigadora Vásquez (2016)

En el presenta cuadro 15-A, se observa que en un 56% los estudiantes cursantes y los ya cursados que describen que si se requiere de la integración con otras ciencias para comprender la biología, a su vez el 44% tanto de los ya cursados como los cursantes argumentan que no se vincula la física con la realidad científica, en un 33% los estudiantes cursantes y un 11% de los ya cursados   mencionan que hay debilidades en vincular la química con la realidad científica, el 22% de estudiantes cursantes y ya cursados mencionan la desvinculación de la biología con la realidad científica,

Por otra parte el 33% de los cursantes y el 11% de los ya cursados presentan debilidades en la integración   de los conocimientos biofisicoquímicos con la enseñanza científica actual, y un 22% tanto para los cursantes como para los ya cursados señalan que los docentes no utilizan diversas estrategias para enseñar las ciencias naturales.

Cuadro 15-B

Dimensión Programas según Indicador Visión de la Ciencia, Percepción Estudiantes Cursantes y que ya Cursaron

Ítems	% Favorables cursantes	%Favorables que ya cursaron
20¿El programa del curso Fundamentos de Química está fundamentados en una visión de integración?	0	33%
21¿El programa del curso Fundamentos de Biología está fundamentados en una visión de integración?	0	44%
22¿El programa del curso Fundamentos de Física está fundamentados en una visión de integración?	44%	44%
23¿Los programas de los cursos Fundamentos de Química, Fundamentos de Física y Fundamentos de Biología se vinculan para comprender integralmente los procesos biológicos?	33%	33%

Promedio	19%	39%

Elaborado por la Investigadora Vásquez (2016)

En el siguiente cuadro 15-B, se describen las respuestas de los estudiantes ya cursados en cuanto a la visión de integración en un 33% en cuanto al programa de Biología en un 44% en el programa de física tanto en los cursantes como en los ya cursados en un 44% no se fundamenta la visión de integración, y en un 33% tanto en los cursantes como en los ya cursados los programas no se vinculan para comprender integralmente los procesos biológicos.

Cuadro 15-C

Dimensión Programa

Indicador	% Favorables Cursantes	%Favorables que ya cursaron
Enseñanza	35%	28%
Visión de las Ciencias	19%	39%
Promedio	27%	34%

Elaborado por la Investigadora Vásquez (2016)

En cuanto al resultado promedio del cuadro 15-A y 15-B, el cual se resume en el cuadro 15-C se evidencia que el 27% de los encuestados cursantes, consideran relevante la enseñanza y la visión de las ciencias, para comprender los programas de cada uno de los cursos objeto de estudio lo que permite reconocer los diferentes procesos biológicos, pero en la realidad no se practican en la praxis educativa a nivel universitario.

Por otra parte el 34% ya cursado no reflejan contenidos integradores lo que no ayuda al profesor a vincular las diferentes áreas del saber científico con la realidad lo que permite disminuir la comprensión de las ciencias de manera efectiva. En este sentido vale citar a Carretero (1993), el cual menciona que en la actualidad la enseñanza de la ciencia otorga una enorme importancia al manejo de los contenidos y estrategias científicas. Esto tiene su razón de ser ya que se vive en una sociedad en la que dicha área ocupa un lugar fundamental en el sistema productivo y en la vida diaria en general sobre todo para la comprensión de los procesos Biológicos.

En este sentido se puede citar a la UNESCO (2006), cuando describe que los programas de ciencias naturales deben fundamentarse en la formación del docente en la enseñanza de las ciencias relevante a la formación del pensam ento lógico a través de la resolución de problemas concretos, así como mejorar la calidad de vida, preparar para la futura inserción en el mundo científico tecnológico y promover el desarrollo intelectual.

Es por ello que los programas deben ser el fundamento básico para la formación del docente de ciencias naturales en la actualidad para garantizar el docente integral que aspira la sociedad del siglo XXI la cual está en constantes cambios y transformaciones.

Cuadro 16-A

Dimensión Institución según Indicador Infraestructura,   Percepción Estudiantes Cursantes y que ya Cursaron

Ítems	% Favorables cursantes	%Favorables que ya cursaron
24¿La infraestructura del Departamento de Biología es la adecuada para la enseñanza de los conocimientos científicos?	44%	44%

Promedio	44%	44%

Elaborado por la Investigadora Vásquez (2016)

En el cuadro anterior 16-A se percibe que en un 44% tanto los estudiantes cursantes como los ya cursados de las asignaturas objeto de estudio consideran que la infraestructura del departamento de biología no es la adecuada para la enseñanza de los conocimientos científicos.

Cuadro 16-B

Dimensión Institución según Indicador Laboratorios, Percepción Estudiantes Cursante y que ya Cursaron

Ítems	% Favorables cursantes	%Favorables que ya cursaron
25¿El laboratorio donde se facilita la asignatura Fundamentos de Física, está dotado de los implementos necesarios para integrar los conocimientos científicos?	22%	11%
26¿El laboratorio donde se facilita la asignatura Fundamentos de Química, está dotado de los implementos necesarios para integrar los conocimientos científicos?	33%	22%
27¿El laboratorio donde se facilita la asignatura Fundamentos de Biología, está dotado de los implementos necesarios para integrar los conocimientos científicos?	44%	22%
28¿La estructura organizativa de los laboratorios donde se facilitan las Ciencias Naturales garantiza la adecuada integración de los conocimientos científicos?	44%	11%
29¿La presencia de laboratorios en el Departamento de Biología es un mecanismo que permite despertar el interés en los estudiantes por estudiar Ciencias Naturales?	56%	78%
Promedio	**40%**	**29%**

Elaborado por la Investigadora Vásquez (2016)

En el presente cuadro 16-B se presentan los resultados del indicador laboratorio en el cual el 22% de estudiantes cursantes y el 11% de los ya cursados, describen que los laboratorios no están dotados de los implementos necesarios para para la integración de los conocimientos científicos igual que 33% cursante y el 22% de los ya cursados en la asignatura fundamentos de química y en un 44% de los cursantes y el 22% de los ya cursados en fundamentos de Biología.

Por otra parte en 44% de los cursantes y el 11% de los ya cursados consideran que la estructura organizativa de los laboratorios no garantiza la integración así como también el 56% de los cursantes y el 78% de los ya cursados describen que los laboratorios si despiertan el interés de los estudiantes por estudiar las ciencias naturales.

Cuadro 16-C

Dimensión Institución según Indicador Dotación, Percepción Estudiantes Cursantes y que ya Cursaron

Ítems	% Favorables cursantes	%Favorables que ya cursaron
30¿La dotación de materiales en el laboratorio donde se facilita la asignatura Fundamentos de Química, es la adecuada y necesaria para la integración teórico-práctica de los conocimientos?	44%	44%
31¿La dotación de materiales en el laboratorio donde se facilita la asignatura Fundamentos de Biología, es la adecuada y necesaria para la integración teórico-práctica de los conocimientos?	33%	22%
32¿La dotación de materiales en el laboratorio donde se facilita la asignatura Fundamentos de Física, es la adecuada y necesaria para la integración teórico-práctica de los conocimientos?	33%	33%

Promedio	37%	33%

Elaborado por la Investigadora Vásquez (2016)

En el cuadro 16-C, se observa en un 44% tanto para los estudiantes cursantes como para los ya cursados, describe que los laboratorios donde se facilita Fundamentos de Química no es la adecuada para la integración teórico práctica de los conocimientos, de igual manera el 33% de los cursantes y el 22% de los ya cursados, consideran que tampoco es adecuada para Fundamentos de Biología, y el 33% tanto para los cursantes como los ya cursados para Fundamentos de Física, lo que evidencia la necesidad de seguir con el desarrollo de la investigación.

Cuadro 16-D

Dimensión Institución. Estudiantes Cursantes y que ya Cursaron

Indicador	% Favorables Cursantes	%Favorables ya cursados
Infraestructura	44%	44%
Laboratorios	40%	29%
Dotación	37%	44%
Promedio	40%	35%

Elaborado por la Investigadora Vásquez (2016)

En el cuadro 16-A, 16-B y 16-C, relacionado con la dimensión Institución resumida en el cuadro 16-D, se evidencia de acuerdo a las respuestas suministradas por los encuestados que el 40 % no es adecuada la infraestructura y la dotación de los laboratorios presentes en el departamento de Biología de la UPEL Maracay lo que hace que los aprendizajes no sean significativos y que existe debilidades en la relación de la teoría con la práctica de manera experimental, por su parte el 35% restante consideran que la infraestructura, la presencia de laboratorios y la dotación de los mimos debería ser es vital para comprobar y experimentar los contenidos biológicos, pero en la realidad no se toman en cuenta para el desarrollo de las clases científicas en estas asignaturas objeto de estudio,

En este sentido se puede citar a Gómez y Pozo (2006), cuando argumentan que los espacios educativos deben ser las vías para que los estudiantes aprendan a aprender, adquieran destrezas estrategias y capacidades para transformar reelaborar y reconstruir los conocimientos a través de las experimentaciones para hacer analogías con la realidad y así comprender por qué ocurren los fenómenos en la materia viva. Además de lo descrito, se puede mencionar que en los laboratorios como espacios de enseñanza didáctica se desarrolla la vinculación entre lo que se ve en la teoría y lo que se describe en las prácticas.

Cuadro 17-A

Dimensión Sociedad según Indicador Realidad, Percepción Estudiantes Cursantes y que ya Cursaron

Ítems	% Favorables cursantes	%Favorables que ya cursaron
33¿La realidad socioeducativa actual impacta positivamente en la enseñanza científica?	44%	22%
34¿El profesor de Biología vincula los conocimientos científicos con la realidad social actual?	33%	44%
Promedio	**39%**	**33%**

Elaborado por la Investigadora Vásquez (2016)

En el cuadro 17-A, se refleja la dimensión sociedad, en un 44% para los estudiantes cursantes y en un 22% para los ya cursados, que la realidad socioeducativa actual no impacta positivamente la enseñanza científica por una parte y por la otra el 33% de los estudiantes cursantes y el 44% de los ya cursados describen que el profesor de Biología no vincula los conocimientos científicos con la realidad social actual.

Cuadro 17-B

Dimensión Sociedad según Indicador Políticas Educativas, Percepción Estudiantes Cursantes que ya Cursaron

Ítems	% Favorables cursantes	%Favorables que ya cursaron
35¿El profesor de Biología en la actualidad cumple con las políticas educativas sobre la integración de las ciencias?	22%	33%
36¿Las políticas educativas actuales promueven una visión integradora de la formación docente?	22%	11%
Promedio	**22%**	**22%**

Elaborado por la Investigadora Vásquez (2016)

En el cuadro 17-B, los encuestados argumentan en un 22% los cursantes y en 33% los ya cursados que el profesor de biología no cumple con las políticas educativas sobre la integración de las ciencias, por su parte el 22% de los estudiantes cursantes y el 11% de los ya cursados consideran que las políticas educativas actuales no promueven una visión integradora de la formación docente.

Cuadro 17-C

Dimensión Sociedad. Estudiantes Cursantes y que ya Cursaron

Indicador	% Favorables Cursantes	%Favorables que ya cursaron
Realidad	**39%**	**33%**

Políticas Educativas	**22%**	**22%**
Promedio	**31%**	**28%**

Elaborado por la Investigadora Vásquez (2016)

En el presente cuadro se desarrollan las respuestas pertinentes a los diferentes encuestados descritos en los cuadros 17-A y 17-B, los cuales se resumen en el cuadro 17-C, describieron en un 31%, que no se toma en consideración la realidad social y el cumplimiento de las políticas emitidas por el estados en materia educativa, ya que no se vinculan los contenidos con la realidad cotidiana del estudiante solo en algunos contenidos programáticos, el resto de los encuestados describen en un 28%, que la realidad social influye en la enseñanza de las ciencias, así como también las políticas educativas emitidas por el gobierno para promover la enseñanza integral de las ciencias naturales para comprender los procesos biológicos por una parte y por la otra para contextualizarlos con la realidad, pero en la práctica educativa se obvian.

Tomando en consideración lo descrito, se puede citar a Gorodokin (2003), el cual señala que para comprender los lineamientos educativos actuales, se deben desarrollas destrezas y habilidades que generen la disposición total de los conocimientos que integran la naturaleza de los componentes viviente y relacionarlos con los campos sociales, culturales y ambientales.

Cuadro 18. Variable Elementos Intervinientes.

Dimensiones	**Estudiantes Cursantes %Favorables**	**Estudiantes que ya cursaron % Favorables**	**%favorable Promedio**
Características Docentes	25%	20%	22,5%

	31%	25%	28%
Características Estudiantes	**31%**	**25%**	**28%**
Programas	**27%**	**34%**	**30,5%**
Institución	**40%**	**35%**	**37,5%**
Sociedad	**31%**	**28%**	**29,5%**
Promedio	**31%**	**29%**	**30%**

Elaborado por la Investigadora Vásquez (2016)

Gráfico 1. Variable Elementos Interviniente. Dimensiones

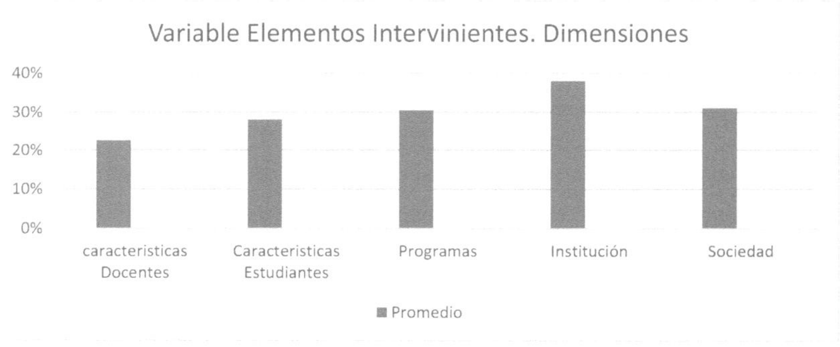

Elaborado por la Investigadora Vásquez (2016)

Tomando en consideración los datos del cuadro 18 y del gráfico1 donde se refleja la variable elementos intervinientes para los estudiantes cursantes y ya cursados donde se encuentran agrupados por dimensiones entre las cuales están: características docentes, las características de los estudiantes, los programas, la institución y la sociedad y a su vez están inmersos los indicadores visión de la ciencia, formación, enseñanza, así como también la infraestructura, la presencia de laboratorios la dotación, la realidad social y las políticas educativas, se evidencia el 23% de respuestas favorables en referencia a las características docentes no facilitan estos cursos vinculando los contenidos programáticos con la realidad.

En este sentido, no utilizan los laboratorios para interarticular la teoría y la práctica además de no interrelacionar los contenidos con la realidad social actual y las políticas educativas,

Por su parte el 28% de las características de los estudiantes describen que los docentes que facilitan estos cursos no interrelacionan los contenidos programáticos con la realidad circundante para la comprensión de los procesos Biológicos. Es por ello que, no se utilizan los laboratorios para fomentar la relación de la teoría y la práctica además de no interarticular los contenidos con la realidad social actual y las políticas educativas

En cuanto a los programas el promedio de 31% describe que los mismos no son articulados con la realidad y que por tal razón no se pueden integrar los contenidos en estos cursos, por una parte y por la otra los contenidos no se aplican orientados hacia la transdisciplinariedad. En otro orden de ideas, el 38% de la institución universitaria no posee la infraestructura adecuada para la enseñanza integral de los conocimientos científicos y de los laboratorios tanto de Fundamentos de Biología como de Química y Física no están dotados de los implementos necesarios para integrar. Por su parte el 30% de la dimensión sociedad describe que la realidad socioeducativa actual no impacta de manera positiva la enseñanza científica y por ende el profesor de biología desvincula los contenidos científicos con la realidad.

Tomando en consideración lo expuesto, se puede citar a Gómez y Pozo (2006), donde describen que dentro de los elementos que intervienen en la enseñanza de las ciencias naturales el docente es el principal factor que motiva a sus discentes para que eleven el interés por el estudio de estas áreas   críticas del conocimiento científico, es por ello que se le debe proporcionar al estudiante las herramientas necesarias para la comprensión e identificación adecuada de las ciencias.

Vertiente Integrativa

En esta vertiente como su nombre lo indica se integran los hallazgos de la vertiente cualitativa y los resultados cuantitativos para su posterior triangulación con los aportes teóricos y el producto de la observación realizada por la investigadora.

Cuadro 19

Triangulación de la Categoría Experiencia Docente

Docentes	Estudiantes Cursantes	Estudiantes que ya Cursaron	Investigadora
La docente **D3** de Fundamentos de Biología, considera que solo ciertos contenidos se vincularon con la realidad social ya que la dinámica de la praxis educativa y la experiencia docente es sumamente cambiante y debe estar en constantes transformaciones sobre todo con la implementación de las nuevas	La entrevistada **EC2**, de Fundamentos de Química menciona que es necesaria la experiencia docente para conocer más sobre integración debido a que en las políticas educativas actuales del Ministerio para el Poder Popular de la Educación tanto universitaria como en educación media	La entrevistada **EYC1**, de fundamentos de física consideró que la mayoría de las clases recibidas fueron unidireccionales solo la docente desarrolló las estrategias de aprendizaje de manera mecanicistas. En este curso la docente trato de interactuar con los estudiantes aplicando herramientas	Dentro de la enseñanza de estos cursos científicos se observaron numerosos aspectos intervinientes que crearon debilidades en su comprensión lo que generó que la enseñanza aprendizaje de las ciencias fuese desvinculado y poco dinámico, así la experiencia docente, influyó de manera

tecnologías y lineamientos del Ministerio de Educación Universitaria, Ciencia y Tecnología y en cuanto al nuevo diseño curricular de la UPEL el cual se está trabajando en su construcción para los futuros estudiantes que ingresen a la universidad. Es por ello que la experiencia docente en la enseñanza integral de las ciencias, es vital, ya que para enseñar la Biología se necesitan de otras áreas como la Física y la Química para comprender los procesos Biológicos.	general se promueve la integración pero no dan las herramientas necesarias para realizarlas, entonces hay una desvinculación entre lo que se da en la universidad y lo que se desarrolla en la praxis educativa en las instituciones. De igual manera, es necesaria la experiencia para poder integrar y así comprender los procesos biofisicoquímicos y de esta manera los aprendizajes sean significativos.	tecnológicas, pero no se logró el aprendizaje significativo. Además hubo muy poca interacción con los estudiantes en cuanto a las diferentes estrategias la mayoría que uso fue resolución de problemas, lo que evidencia la enseñanza unidireccional que trae consigo el aprendizaje poco significativo.	directa en el aprendizaje significativo de cada estudiante. En este sentido, se observó además la poca interacción entre la teoría y la práctica y la desvinculación entre los contenidos y integración con otras áreas científica para la comprensión de los fenómenos biológicos. Es por ello que se puede evidenciar la falta de experiencia docente para la interarticulación de los contenidos la cual se percibió también en los resultados cuantitativos en un 22,5% dentro de las características docentes.

Elaborado por la Investigadora Vásquez (2016)

En este sentido se puede citar a Villegas (2010), cuando señala que en la enseñanza científica la transdisciplinariedad juega un papel vital por ser una nueva forma de apropiación del conocimiento permite la construcción del saber haciendo uso de las interpretaciones y de la comprensión, para abrir el pensamiento a la realidad compleja para descubrir los conocimientos partiendo de los intereses y necesidades y de la vinculación de múltiples áreas del saber, y en el caso de las ciencias naturales por ser tan sistemática debería de ser impartida de esta manera para interarticular varios contenidos.

Cuadro 20

Triangulación de la Categoría Praxis Educativa

Docentes	Estudiantes Cursantes	Estudiantes que ya Cursaron	Investigadora
La docente **D1** de Fundamentos de Física, considera que la praxis educativa no se impartió de manera integral para comprender procesos científicos, lo que trae consigo aprendizaje pocos significativos, ya que el programa esta parcelado y orientado solo a los contenidos físicos. Y los contenidos de biología que se vieron no se interarticularón con la física que origino debilidades en la comprensión de fenómenos biofisicoquímicos.	La entrevistada **EC3**, de Fundamentos de Biología, señala que la praxis educativa del docente se realizó de manera simplificada ejemplificando ciertos contenidos biológicos, lo que evidencia que la enseñanza fue unidireccional. Se aplicaron estrategias y métodos desvinculados de la realidad lo que permitió la comprensión de la Biología de manera descontextualizada dejando a un lado la realidad circundante y las nuevas políticas educativas.	La entrevistada **EYC2**, argumenta que dentro de la praxis educativa que implemento la docente se intentaba aplicar la transdisciplinarieda d pero los contenidos del programa fundamentos de química no los orientaba hacia estudiantes de biología, ya que solo hace énfasis en temas químicos sin vincularlos con la biología. La docente de ciencia no considero las necesidades de cada grupo de estudiante para que los aprendizajes de estas asignaturas científicas fueran significativas.	Como se observó anteriormente dentro de las clases de ciencia se presentaron debilidades en la praxis educativa implementada, lo que origina fallas en la relación práctica biológica de los contenidos programáticos científicos. La docente trato de enfocar su clase para vincular los contenidos con la contextualización de los saberes de la realidad pero no se cumplieron los objetivos. Esto se evidenció también en la vertiente cuantitativa en 30,5% en la dimensión programa debido a la desvinculación con la realidad.

Elaborado por la Investigadora Vásquez (2016)

La información tratada evidencia que la mayoría de los docentes al igual que los estudiantes están de acuerdo en que la praxis educativa de las ciencias, no se interrelacionaban los contenidos con otras áreas. En este sentido se intentaba interrelacionar en fundamentos de química solo con la biología obviando su relación con la física. Al respecto se puede citar a Martínez (2004), cuando señala que para enseñar las ciencias se debe superar la parcelación y fragmentación del conocimiento que reflejan las disciplinas particulares y comprender las complejas del mundo actual.

Cuadro 21

Triangulación de la Categoría Programas

Docentes	Estudiantes Cursantes	Estudiantes ya Cursados	Investigadora
La entrevistada **D1**, Al hablar del programa de Fundamentos de Física, dice que no posee los elementos necesarios para la enseñanza integrativa de este curso y por eso algunos contenidos se obvian lo que hace que se desvinculen estos temas a la hora de formar el profesor de Biología que necesita esta sociedad en constante transformaciones.	La entrevistada **C1**, señala que en el desarrollo de los contenidos programáticos la integración no se llevó a cabo ya que los contenidos físicos no se interarticulan con la Biología y la química para su comprensión, son poco dinámicas las prácticas; ya que se obvian contenidos. En este sentido, los programas están desactualizados por eso la descontextualización y el incumplimiento de la mayoría de los objetivos.	La entrevistada **EYC 1**, considera que los programas de fundamentos de física química y biología están desvinculados, y esto se observa en las debilidades presentes en ciertos contenidos y en el desinterés de los estudiantes lo que trae consigo la retención de estudiantes en estos cursos científicos En este sentido se percibe también la	Por su parte la investigadora percibe la falta de Interarticulacion de los programas Así como la desactualización de los mismo esto se reflejó en los resultados cuantitativos en un 30,5% en la dimensión programas por esta razón los docentes de los cursos descritos no facilitan la vinculación de los contenidos programáticos con la realidad y parcelan las temáticas dividiendo las

		desactualizació n programática de temas donde se integren los diferentes procesos biofisicoquímico s.	temáticas físicas, químicas y biológicas.

Elaborado por la Investigadora Vásquez (2016)

En esta dimensión la totalidad de las entrevistadas y las docentes, afirman las debilidades en la integración de los conocimientos y en la interarticulación programática para comprender las ciencias naturales, lo que trae consigo fallas en la comprensión integral de la biología en la formación del futuro docente. En este sentido se pone de manifiesto lo descrito por Roegiers (2007), cuando señala que al integrar conocimientos los aprendizajes serán articulados y ayudarán a contextualizar los saberes para su futura aplicación en la realidad.

Cuadro 22

Triangulación de la Categoría Estudiantes de Biología

Docentes	Estudiantes Cursantes	Estudiantes que ya Cursaron	Investigadora
La docente **D1,** argumenta que los estudiantes cuando abordan los diferentes contenidos del programa de física, se deben tomar en cuenta los saberes previos es decir	La entrevistada **EC2,** dice que solo se interrelacionan algunos contenidos previos, afirma que al inicio de la clase ciertos contenidos esenciales o de entrada para la	La entrevistada **EYC2,** menciona que durante la clase no se relacionaron las conductas iniciales debido a que hubo debilidades en las clases de química en la	La investigadora observó debilidades para la comprensión de las ciencias al igual que en las experiencias previas y en las contextualizaciones de los conocimientos con la realidad y se

| las conductas de entrada, ya que es del primer semestre y los estudiantes traen debilidades lo que evidencia bajo conocimiento en las asignaturas científicas. | comprensión significativa de la química fueron abordados pero no a totalidad. Vale destacar que en estas clases están desvinculados los conocimientos previos con los actuales lo que genera debilidades en el aprendizaje. | institución de básica donde curso bachillerato y la docente que les dio el programa en la universidad no realizó nivelación para planificar los contenidos pertinentes para explicar los temas del programa. | percibió que la característica de los estudiantes en un 28% descrita en el referente cuantitativo se debe al poco uso de los laboratorios para fomentar la teoría y la práctica e interarticular los contenidos con las diferentes áreas científicas. |

Elaborado por la Investigadora Vásquez (2016)

Las respuestas de las entrevistadas, muestran que no se toman en consideración los conocimientos previos debido a que los estudiantes traen muchas debilidades del liceo y prefieren comenzar de cero es decir cubrir completamente los contenidos programáticos sin considerar los conocimientos previos en estas áreas.

Además, se evidencia también la desvinculación de lo que se ve en educación media con lo que imparten las universidades, esto debería considerarse debido a que los intereses de cada estudiante por estudiar una determinada carrera se comienzan a observar desde que están en el liceo y se refuerzan en la universidad. Es por ello que se puede citar a Torres (2003), cuando describe la importancia de gestionar los conocimientos desde la educación media para considerarlos como base para los estudios superiores y así generar aprendizajes significativos en los futuros docentes de biología.

Lo planteado señala que el estudio de la vida (la Biología), no se debe hacer desligado de la realidad y por ende del entorno; ya que se necesita para su comprensión de interarticular varias disciplinas para su comprensión lo que permite la transdisciplinariedad.

CAPÍTULO V

CONSTRUCCIÓN TEÓRICA

Presentación

Generar constructos teóricos implica la creación de una estructura lógica, valorativa, analítica e interpretativa de la realidad objeto de estudio, orientada hacia las representaciones simbólicas de lo que se está investigando al estudiar un fenómeno determinado. En el caso de la investigación que se reporta, se parte de los hechos vivenciados en el ser de los informantes clave y de los hallazgos obtenidos en la realidad educativa, referida a la integración de las ciencias naturales en el contexto de la formación docente en la Universidad Pedagógica Experimental Libertador, específicamente en el departamento de Biología y en los Cursos de Fundamentos de Física, Fundamentos de Química y Fundamentos de Biología.

La construcción teórica se logró a través de un abordaje en tres vertientes una cualitativa, otra cuantitativa y la integrativa, con el fin de trascender la realidad que amerita diversas transformaciones hacia una educación integral de las ciencias naturales para afrontar con éxito este cambio en a formación docente.

Tomando en consideración lo antes expuesto y orientado al objetivo general de la investigación, los hallazgos del estudio coinciden con lo descrito por Bache ard (2003), cuando señala que la formación docente en ciencia naturales debe fundamentarse en la reforma, transformación, corrección y rectificación de prácticas de pensamientos y de todas aquellas acciones que obstaculizan la formulación y resolución de problemas de orden superior en el aprendizaje de las ciencias, manifestándose tanto a nivel del proceso epistémico de formación conceptual en la historia de las ciencias así como en los procesos de formación dé cada discente, en su génesis psicológica y pedagógica de formación individual de conceptos.

Al respecto, Achilli (2000) señala que la formación docente puede comprenderse como un proceso en el que se articulan la teoría y la práctica de la enseñanza y del aprendizaje orientada a la configuración de sujetos docentes. La formación docente, desde esta perspectiva, debería estar asociada a la emergencia de nuevas maneras de concebir el conocimiento y el proceso de las ciencias.

Vale destacar que las diferentes posturas de los teóricos consultados a lo largo de la investigación, evidencian la importancia de la integración de las ciencias naturales en el contexto formativo universitario para fomentar la enseñanza holística, multidisciplinaria. Desde el punto de vista, la UNESCO (2008), menciona que la formación docente en la enseñanza de las ciencias naturales es importante porque contribuye a la formación del pensamiento lógico a través de la resolución de problemas concretos. Así como mejorar la calidad de vida para preparar a la sociedad para la futura inserción en el mundo de lo científico tecnológico y promover el desarrollo intelectual.

Es importante destacar que cuando se habla de integración en la enseñanza científica se produce la vinculación de contenidos que ayudarán a los futuros docentes a solventar cualquier problemática relacionada con su praxis pedagógica, lo que permite activar la acción mediadora entre lo teórico y lo práctico para que emerjan conocimientos significativos como parte fundamental para facilitar, estimular y sustentar el objetivo principal de cualquier estudio científico. Cabe destacar que dichos preceptos no se vienen cumpliendo en la realidad estudiada.

Fundamentación

Los constructos teóricos que se generaron en esta investigación se fundamentan desde varias perspectivas primero en las diferentes teorías que sirven de base para su desarrollo   las cuales son la Teoría Pedagógica de la Integración descrita por Rogiers (2007),   la Teoría de la Transdisciplinariedad de Nicolescu (1999) y Morín (2000) y la Teoría de la Comprensión de Perkins (2003), la segunda perspectiva seria la relacionada con las dimensiones filosóficas que sustenta esta investigación como por ejemplo la epistémica, la ontológica, la axiológica y la teleológica las cuales ayudan a corroborar la relevancia del desarrollo de este estudio.

Tomando como referente las teorías se describe la Teoría Pedagógica de la Integración, la cual menciona que los elementos del conocimiento son interdependientes, unos de otros para comprender un determinado proceso, dentro de los cuales pueden estar inmerso los biológicos como en el caso de esta investigación, ayuda esta teoría al estudio porque dentro de la pedagogía de la integración, se incluye la articulación de la formación teórico práctica e inclusive la organización de los aprendizajes en la cual la formación teórica apuesta al servicio de la formación práctica como lo describe Rogiers (2003).

Por su parte la Teoría de la Transdisciplinariedad sustenta este estudio por ser una manera de ver la realidad compleja y concebir la visión del mundo la cual ubica al hombre y a la humanidad en el centro de la reflexión para desarrollar una concepción integradora del conocimiento global que en el caso de esta investigación se relaciona con la integración de las ciencias en el contexto de la formación docente, en este sentido se pretendió fundar una metodología que aborde la humanidad y el conocimiento desde una perspectiva de interconexión en un sentido complejo como lo señala, Nicolescu (1999).

Este trabajo investigativo se fundamenta también en la Teoría de la Comprensión, de Perkins (2003), la cual describe los diferentes procesos de formación los cuales exigen la revisión permanente de estrategias y teorías que incentiven la transformación de las acciones desarrolladas en el aula de clase y muy en especial las que se generan al entrar en la interacción la triada docente-aprendizaje-estudiante.

De igual manera es importante señalar, que los aportes teóricos del estudio se sustentan en las siguientes dimensiones filosóficas:

En lo epistémico la investigación se ubica en la corriente interpretativa reflexiva tomando como referente lo vivencial, dentro de un abordaje abierto, flexible y comprensivo, ontológicamente parte la investigadora de la concepción de la realidad en cuanto a la integración de las ciencias naturales en el contexto de la formación docente la cual debe ser múltiple, holística y construida. En cuanto a la dimensión axiológica se promueven valores como el respeto, la responsabilidad, la libertad y la creatividad, los cuales son indispensables en el quehacer educativo a nivel universitario. En lo teleológico, la investigación generó dos aportes teóricos relacionados con la contextualización de los conocimientos en la enseñanza de las ciencias y la integración de las ciencias en la formación docente, que pudieran ser de utilidad para el escenario objeto de estudio y su trascendencia a otras instituciones de educación universitaria con características similares que podrían sumirse para mejorar la integración de las ciencias naturales en el referido nivel.

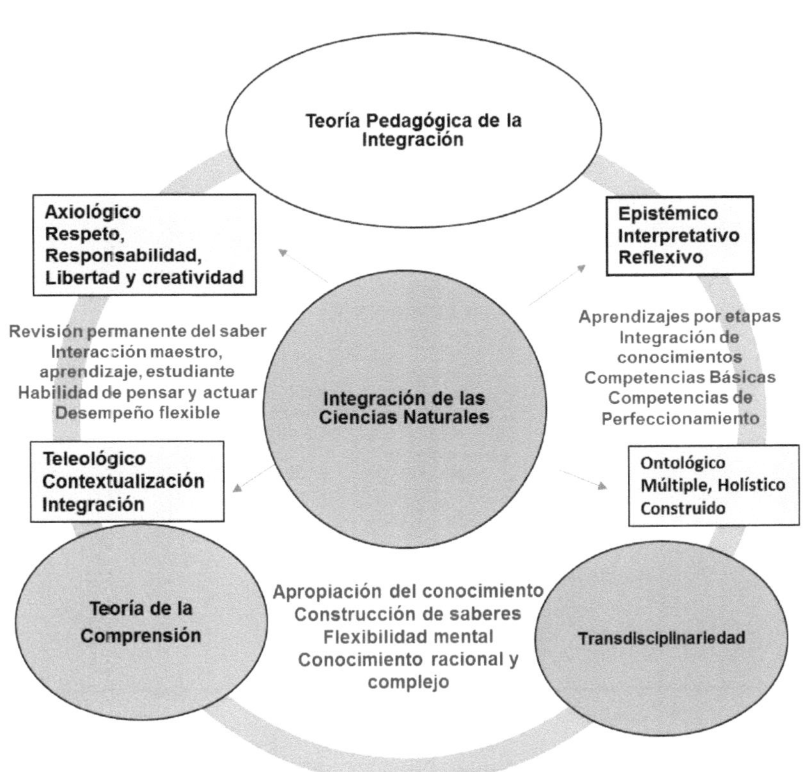

Figura. 2. Fundamentación de los Constructos Teóricos

Elaborado por la Investigadora Vásquez (2016)

Tomando como referente la presente figura se extrapola la transdisciplinariedad como fuente principal para la enseñanza integradora de las ciencias, la cual se evidencia en la figura 2 que a continuación se presenta:

Figura 3. Transdisciplinariedad

Elaborado por la Investigadora Vásquez (2016)

Estructuración

De los aportes teóricos y de las dimensiones descritas emerge el "deber ser o lo que se requiere" lo cual describe un proceso de integración eficiente, basado en la inventiva, en la interactividad, la contextualización, la articulación teórico- práctica y la transdisciplinariedad, para que las instituciones universitarias asuman dentro de su misión y visión valores similares y tomando en cuenta los siguientes elementos: los ambientes de aprendizajes interarticulados, los encuentros de saberes, la planificación integradora con otras ciencias y por último los equipos de trabajos integradores, para fomentar la enseñanza aprendizaje de las ciencias naturales de manera integral holística y multidisciplinaria.

Figura 4. Integración de los Constructos Teóricos con las Categorías Elaborado por la Investigadora Vásquez (2016)

En concordancia a la figura 4. Los Ambientes de Aprendizaje Interarticulados: se refiere al uso de los laboratorios como ambientes colaborativos para el aprendizaje científico, donde se cuenten con los recursos necesarios para las clases teórico- prácticas para la comprensión contextualizada de las ciencias naturales específicamente en los cursos objeto de estudio, para despertar el interés de los estudiantes por estas asignaturas y por ende por la carrera docente en Biología.

En este sentido se puede citar a Ceballos en el (2010), cuando plantea que la integración es un proceso educativo, en donde cada uno de sus miembros se apropian de un sistema de relaciones, acciones, procesos y encuentros, promueven la adaptación del educando en los espacios de interacción con el entorno, mediado por los facilitadores para buscar promover el éxito educativo en este contexto universitario.

Por tal razón, las universidades deben fomentar la actualización de los docentes que imparten estos cursos para capacitarlos puede ser a través de eventos , mesas de trabajos, círculos de estudios, que les permita compartir experiencias y aprendizajes en aspectos como la planificación integral, estrategias pedagógicas teórico- prácticas así como en la evaluación de las mismas, en este sentido se debe fomentar el acompañamiento docente, mediante supervisiones orientadoras, son fundamentales para el éxito de la educación integradora de las ciencias. Por tales razones la autora enfatiza que para el éxito de la educación integradora de las ciencias el docente es el principal responsable del éxito en la formación del futuro docente.

Los Encuentros de Saberes: permiten establecer un intercambio de conocimientos y saberes, diferentes y sistemáticos, entre los docentes y estudiantes y cada uno de los cursos objeto de estudio para promover el proceso de adaptación a las nuevas condiciones para facilitar la contextualización de los programas en relación con los espacios, rutinas diarias, dotación de los laboratorios o ambientes de trabajo y aprendizaje en la enseñanza científica integradora, para que los docentes interaccionen a través de la mediación con actividades contextualizadas y globalizadas tomando en cuenta la diversidad de aprendizaje, respetando los interese y las necesidades, satisfaciendo los motivos de interés, equilibrio emocional y el desarrollo cognitivo intelectual de cada futuro docente.

Partiendo de lo anterior, se puede citar a Gómez y Pozo (2006), cuando describe que la formación docente integral debe fundamentarse en los encuentros de saberes y orientarse a la formación integral en cualquier nivel para fortalecer la preparación integral de las ciencias.

La Planificación Integradora con otras Ciencias: en la enseñanza integral se requiere de una visión globalizada de los contenidos de aprendizaje biológico, sustentada en una postura contextualizada e interarticulada de la enseñanza de las ciencias en los futuros docentes de Biología, ya que requiere de un proceso activo de intercambio con el medio, avanzado hacia nuevos niveles de desarrollo, desde lo nuevo como lo ya existente, es decir las conductas de entrada, donde cada estudiante transforma su conocimiento construyendo esquemas de comprensión inclusivos dentro de su estructura cognoscitiva.

Es por ello que la planificación de los contenidos de manera integral es de vital importancia para generar conocimientos vanguardistas en la enseñanza de las ciencias naturales, para fomentar aprendizajes significativos, interrelacionados con otras ciencias para vincular la responsabilidad la creatividad y la libertad a través de las vivencias diarias, donde el conocimiento no se mide pero si se verifica, en este sentido radica la importancia del mediador y facilitador de cada curso objeto de estudio para contextualizar los elementos interdependientes de la biología como ciencia experimental como lo describe Gómez y Pozo (2006).

Los Equipos de Trabajos Integradores entre la Teoría y la Práctica: dentro de todo proceso integrativo se deben relacionar los docentes los estudiantes y el ambiente de aprendizaje para garantizar la comprensión integral de las ciencias esta triada ayuda a la formación como docente de biología orientado a las actividades contextualizadas del saber científico actual y garantizar el docente multidisciplinario que necesita la educación del siglo XXI. Desde esta perspectiva Paruelo (2003), describe que los factores antes mencionado, aluden a los procesos psicológicos interpersonales a las estructuras de conocimiento de los sujetos. Dichos procesos constituyen un fenómeno constructivo, la perspectiva constructivista integradora sería una opción teórica, un posible marco de referencia tanto para la comprensión del aprendizaje de las ciencias como para la intervención pedagógica científica.

Lo antes expuesto determina la importancia de la Interarticulación bidireccional, la cual define las relaciones de integración entre las diferentes áreas auxiliares a la biología, así como las teorías que la fundamentan y las dimensiones que forman base fundamental para el desarrollo de los constructos teóricos para la enseñanza científica que se pretende impartir en la actualidad en el contexto universitario.

Es relevante mencionar que en la actualidad los docentes en formación deben estar abiertos a los cambios en materia curricular, para adoptar las nuevas políticas de estado, así como también las nuevas visiones científicas que se necesitan para comprender la Biología como área científica y teórico práctica. Finalmente se incluye el esquema de los constructos teóricos para la integración de las ciencias naturales en el contexto de la formación docente el cual se presenta a continuación:

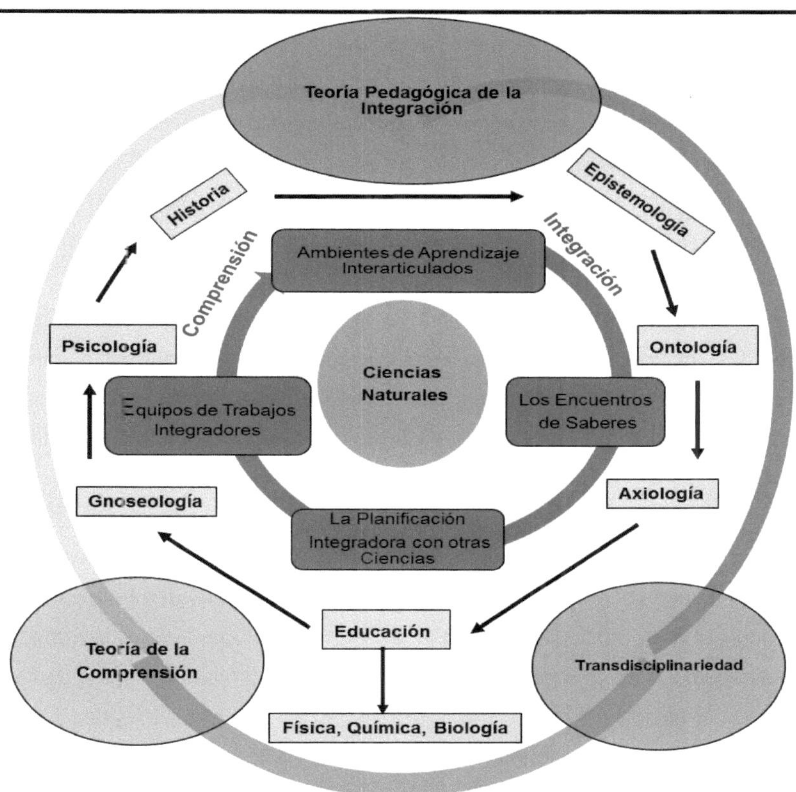

Figura 5. Constructos Teóricos para la Integración de las Ciencias Naturales.

Elaborado por la Investigadora Vásquez (2016)

Observando el esquema anterior, se evidencia la relevancia de los aportes teóricos en este estudio; debido a que como se refleja en el eje color azul con óvalos azules tanto la Teoría Pedagógica de la Integración, como la de la Comprensión y la Teoría de la Transdisciplinariedad, son las que rodean todos las construcciones teóricas realizadas en esta investigación, ya que estas aportan las bases para la comprensión y habilidad para la integración de las ciencias en el contexto universitario, ya que cuando hay integración se poseen diferentes recursos como el conocimiento (saberes),saber hacer y saber ser, solo hay integración cuando el estudiante (futuro docente), reutiliza sus aprendizajes contextualizándolos mediante una situación compleja aplicándola a una determinada clase o praxis educativa.

De igual manera se observa en el eje de color negro con recuadros verdes, como las dimensiones transdisciplinarias son necesarias para la comprensión de una determinada temática científica, ya que estas serán las diferentes miradas necesarias para su comprensión contextualizada del conocimiento científico.

Por ejemplo, en la epistémica se evidencia el conocimiento necesario para la integración científica, en la axiología los valores fundamentales para la integración, la ontología el estudio del ser, la teleología la finalidad principal del estudio la integración de las ciencias para su comprensión en el contexto de la formación docente en la cual también se involucra la educación, la gnoseología como origen principal del conocimiento científico, y la psicología como el estudio de la conducta humana ante cualquier cambio o transformación y su relación con las ciencias dentro de las cuales están las áreas en estudio que son la física la química y biología, todo esto orientado por la historia como una disciplina donde se desarrollan las diferentes formas evolutivas del conocimiento científico a lo largo del tiempo.

Por último se evidencia el eje con recuadros morados, en el cual está la esencia de esta investigación y producción intelectual, relacionada con los constructos teóricos fundamentados en cuatro actividades que se deben implementar para la integración de las ciencias naturales de manera transdisciplinaria estas son: los ambientes de aprendizaje interarticulados, los encuentros de saberes, la planificación integradora con otras ciencias y los equipos integradores entre la teoría y la práctica.

Vale destacar, que en la actualidad se pretende formar docentes de biología que practiquen la integración de las asignaturas experimentales en las diferentes universidades donde se imparten estas carreras científicas, aclarando que no solo en la Universidad Pedagógica Experimental Libertador se deben implementar sino también en cualquier otra institución universitaria para que se difunda esta innovadora investigación.

Aportes

En la actualidad a nivel mundial y a lo largo de la historia, la enseñanza de las ciencias se ha realizado tomando como referente las alternativas innovadoras para su comprensión y obtención de aprendizajes significativos. En el contexto educativo, la enseñanza de una determinada temática se debe realizar tomando como referente la contextualización de los diferentes saberes y áreas de conocimiento para su comprensión significativa y estructurada dependiendo del interés y preocupación del estudiante.

Por todas estas razones la enseñanza de las ciencias debe estar centrada en las diferentes transformaciones que se viven actualmente para su comprensión y es acá donde se habla de la integración como una manera innovadora para su enseñanza y comprensión ya que las ciencias no se estudian separadas sino por el contrario deben estar interarticuladas y vinculadas con las diversas áreas del aprendizaje para su verdadero entendimiento. Desde esta perspectiva se comienzan a mencionar los aportes que generó este estudio para la enseñanza de la biología como ciencia teórico práctica y experimental.

Primeramente uno de los principales aportes es la generación de los constructos teóricos relacionados con las actividades educativas que permitan desarrollar la comprensión de temas biológicos a través del uso interarticulado de las diferentes áreas del aprendizaje vinculando tanto la teoría como la práctica y las clases en los laboratorios experimentales donde se contextualice el conocimiento con la realidad circundante.

Por otra parte, otro aporte fue la incorporación de ambientes de aprendizaje interarticulados donde se generen ambientes de trabajo en el aula colaborativos para despertar el interés de los estudiantes por estas asignaturas teórico prácticas ya que serán futuros docentes de biología.

En este mismo orden de ideas, se aporta la incorporación de encuentros de saberes entre docentes y estudiantes para incentivar al estudio de las ciencias de manera actualizada, contextualiza y globalizada para despertar el interés por desarrollar cognitivamente el intelecto de los futuros docentes en estas áreas científicas.

Otro relevante aporte de este estudio está relacionado con la implementación de una planificación integradora con otras ciencias donde se vinculen diferentes áreas del aprendizaje científico para comprender las ciencias naturales de manera integral y no desvinculada de la realidad, donde se tomen en cuenta las diferentes políticas educativas y lineamientos curriculares que deben ayudar a construir esquemas de comprensión inclusivos entre los conocimientos previos y los actuales.

Por último los equipos de trabajos integradores entre la teoría y la práctica, fue otro aporte importante en la enseñanza de las ciencias naturales desde una visión de integración en la formación de docentes, ya que tomando en consideración las actividades teórico -prácticas se forman los docentes multidisciplinarios que se necesitan para la educación dl siglo XXI.

Tomando como referente lo antes expuesto, se puede considerar la importancia de este estudio para la enseñanza integradora de las ciencias, ya que las ciencias no se pueden estudiar desvinculadas de otras áreas y menos de la realidad, en este sentido se deben incorporar diferentes actividades que motiven tanto a docentes como a estudiantes para su comprensión, ya que tanto el docente contemporáneo como el estudiante de esta era del saber científico, debe estar comprometido con los diferentes cambios en la enseñanza para optimizar los conocimientos transdisciplinarios que ayuden a incorporar las estrategias educacionales que desarrollen una eficaz interacción en los diferentes ambientes de aprendizaje y en la explicación de los diferentes tópicos científicos.

REFERENCIAS

Acevedo (2007). **La Alfabetización Científica.** Editorial Omega. México.

Achilli (2000). **Formación Docente en la Actualidad.** Ediciones Contemporáneas. España

Ángulo. Y García, P. (1997). **Aprender a Enseñar Ciencias: Una Propuesta Basada en la Autorregulación**. Revista Electrónica. Interuniversitaria de Formación del Profesorado. 1(0). [Revista en Línea] Disponible en: http://www.uva.es/anfop/publica/actas/viii/edprima.htm.   [Consulta: 2014, Enero, 8].

Arias, F. (1997), **El Proyecto de Investigación. Introducción a la Metodología Científica.** Episteme. Caracas: Venezuela.

Arias, F. (2006), **El Proyecto de Investigación. Introducción a la Metodología Científica.** Episteme. Caracas: Venezuela.

Arraéz (2006). **La Hermenéutica.** Editorial Trillas. México

Aristizabal, C. (2008). **Teoría y Metodología de Investigación**. Fundación Universitaria Luis Amigo. Colombia.

Arteaga, (2012). **Enseñanza Integradora de las Ciencias**. Santiago de Chile.

Argyris (1999). **Enseñar Ciencia Naturales. Reflexiones y Propuestas Didácticas**, ed. Paidós Educador. México.

Bachelard (2003). **La Formación Docente.** Editorial Omega. España.

Campanario, J. (2012). **La enseñanza de las Ciencias en preguntas y respuestas,** Universidad de Alcalá. Madrid.

Campos (2009). **Métodos de Investigación.** Editorial Panamericana. Buenos Aires

Carvallo, C. (2009). **La Integración Educativa**. [Artículo en Línea]. Disponible en: http://www.scielo.org.ve/scielo.php?pid=S1316 [Consulta: 2013, Noviembre, 26]. Tabasco: México

Constitución de la República Bolivariana de Venezuela. (1999). Caracas: Gaceta Oficial N° 36.860.

Dávila (1995). **La Investigación Cualitativa**. Universidad Alberto Hurtado.

Denzin, N. K. (1970): **Sociological Methods**: a Source Book. Aldine.

Díaz (2003). **Prácticas Pedagógicas Actuales.** Editorial Panamericana. Caracas.

Duarte y Parra, (2014). **Lo Que Debes Saber Sobre Un Trabajo De Investigación**. Tercera Edición, Maracay: Venezuela.

Flóres O., R. (2000). **Hacia una pedagogía del conocimiento**. Bogotá: McGraw-Hill.

Flick, (2007). **Introducción a la Investigación Educativa.** 2da Edición. Books. Google.com.ve.

Freyces (2009). **El Método Inductivo.** Editorial S. Argentina

Gómez R. (2003) **Análisis de datos en la investigación**. En: Investigación social. Buenos Aires: Lugar editorial S.

Gómez (2006). **Explicaciones narrativas y modelización en la enseñanza de la biología.** Artículo. Monterrey México.

Gómez (2012), **Teorías Implícitas de los Profesores y sus Acciones en el Aula.** Tesis Doctoral. Universidad de Guadalajara: México.

Gómez y Pozo (2006). **Principios Curriculares en la Enseñanza de las Ciencias.** Barcelona: España.

Gómez y Lecompte (1999). **Diseño Cualitativo en Investigación Educativa.** Libro en línea. Books. Google.com.ve

Gorodokin (2003). **Formación del Docente de Ciencias.** Editorial Omega. México

Gutiérrez y col (2003). **¿Es Cultura la Ciencia, Enseñanza de las Ciencias desde una perspectiva Ciencia/Tecnología/ sociedad.** Ediciones Membelia Narcea: Madrid.

Glasser y Straus (2000). **Método Comparativo Continuo.** Ediciones Eneba. México.

Habermas. (1990). **La Ciencia.** Editorial Uriyalbo. México

Hernández, Fernández y Baptista (2000). **Metodología de la Investigación.** Barcelona: España.

Leal, L. (2005). **Autonomía del sujeto Investigador. Metodología de la Investigación.** Mérida: Editorial Litorama.

Ley Orgánica de Educación. Gaceta Oficial N° 5.929 de fecha 15 de Agosto 2009.

Manual De Trabajos de Grado de Especialización y Maestría. UPEL. (2006). Caracas: Venezuela.

Martínez, (2004). **Paradigmas de Investigación.** 2da edición. Barcelona: España.

Martínez (2013). **El Paradigma Interpretativo**. 2da edición. Barcelona: España.

Martín (2007)**, Enseñanza Axiológica ¿Para Qué?** Revista Electrónica de Enseñanza de las Ciencias Axiológicas Vol. 1 N°2 [Revista en Línea] Disponible en: http://reec.uvigo.es/volumenes/volumen1/Numero2/Art1.pdf [Consulta: 2013, Noviembre, 26].

Mellado, V. y Carracedo, D. (2012). **Contribuciones de la filosofía de la ciencia a la didáctica de las ciencias.** Enseñanza de las Ciencias. Editorial y Cultura.

Ministerio del Poder Popular para la Educación Universitaria Ciencia y Tecnología (2014). **Lineamientos Generales.** Caracas: Venezuela

Ministerio del Poder Popular para la Educación (2007). **Currículo Básico Nacional.** Caracas: Venezuela.

Monteiro, (2005)**. La Enseñanza de las Ciencias Naturales desde el Análisis Cognitivo de la Acción**. Tesis Doctoral.

Morín (2000). **Principios de la Transdisciplinariedad**. Artículo en línea. CITIO BLOGSPOT.

Morín (2000) y Nicolescu, (1996). **Multiversidad Mundo Real**. Libro en Línea. Multiversidad real.edu.mx/.

Monereo (2010). **Competencias Docentes Contemporáneas**. Editorial Omega. México

Najmanovich, D (2005). **El Juego de los Vínculos. Subjetividad y Redes: Figuras en Mutación**. Colección Sin Fronteras. Argentina: Bibles.

Nicolescu (1999). **Metodología y Humanidad**. Libro en Línea. Multiversidad real.edu.mx/.

Orlay, (2010). **Actividades de integración en la construcción del conocimiento profesional del profesor. Un aporte a la Formación Inicial de profesores de Biología**. Revista Didactique

Paruelo, J. (2003). **Enseñanzas de la Ciencias y la Filosofía. Historia y Epistemología de las Ciencias**. [Artículo en Línea] Disponible en: http://www.raco.cat/index.php/Ensenanza/article/viewFile/21995/21829 [Consulta: 2013, Noviembre, 26]. Buenos Aires: Argentina.

Paz, (2003). **Métodos Investigativos**. Barcelona: España.

Pérez J. (2002). **Investigación Cualitativa. Retos e Interrogantes**. Madrid. Muralla. S.A.

Pérez A. (2011). **Teoría en Uso de los Formadores de Formadores en las Ciencias Naturales**. Tesis Doctoral Publicada. UPEL Maracay.

Perkins (2003). **Teoría de la Comprensión**. 3era edición. Barcelona España.

Piaget, J. (1980). **Seis estudios de Psicología**. España: Editorial Seix Barral, S.A.

Piaget, J. (1967). **Psicología Básica**. España: Editorial Seix Barral, S.A.

Pinto (2010). **Metodología de Enseñanza de las Ciencias**. Caracas: Venezuela

Porlán, R., García, E., Cañal, P., (1997). **Constructivismo y Enseñanza de las Ciencias.** Series Fundamentos N°2. Colección Investigación y Enseñanza. Diada Editores. Sevilla: España.

Pozo, (2013). **Del pensamiento formal a las concepciones espontáneas: ¿Qué cambia en la enseñanza de la ciencia? Infancia y Aprendizaje.** Ediciones Omega.

Ravanal (2009). **Epistemología de las Ciencias Naturales.** Editorial omega Chile.

Ravanal y Quintanilla, (2012). **Racionalidades Epistemológicas Y Didácticas Del Profesorado De Biología En Activo Sobre La Enseñanza Y Aprendizaje Del Metabolismo: Aportes Para El Debate De Una Nueva Clase De Ciencias.** Tesis Doctoral. Chile.

Rodriguez, (2007). **Metodología de la Investigación.** Libro en línea. Universidad de Catalunya.

Roegiers (2007). **Recersiones. Pedagogia de la Integracíon.** Universidad Católica de Lovaina.

Ruiz (2002). **Instrumentos de Investigación.** FEDEUPEL. Caracas: Venezuela

Rusu (2011). **Metodología Cuantitativa.** Libro en línea. Universidad de Catalunya.

Sarquis y Buganza, (1996). **Teoría del Conocimiento Transdisciplinar a partir del Manifiesto de Basarab Nicolescu.** Universidad de San Luis Argentina. Artículo en línea. UNS/edu.ar.pdf.

Shavino y col. (2006). **Enfoques Epistemológicos. Integración Transcompleja.** UBA.

Shavino y Villegas, (2010). **De la Teoría a la Praxis, en el enfoque Integrador Transcomplejo.** Revista Investigación y Creatividad. UBA.

Stracuzzi, S; Pestana, F. (2003). **Metodología de la Investigación Cuantitativa.** FEDEUPEL. Caracas: Venezuela.

Taylor (1997). **Informantes Clave, métodos y Técnicas.** Ediciones Omega. México.

Universidad Bicentenaria de Aragua. Vicerrectorado Académico Decanato de Investigación, Extensión y Postgrado. (2012). **Manual para la Elaboración, Presentación y Evaluación del Trabajo Final de Investigación de los Programas de Postgrado.**

Universidad Pedagógica Experimental Libertador. (2013). **Lineamientos Curriculares.** Caracas: Venezuela

UNESCO (2006) **Declaración Mundial sobre la Educación Superior en el Siglo XXI: visión y acción y marco de acción prioritaria para el cambio y el desarrollo de la educación superior** [artículo en línea] disponible en:http://www.unesco.org/education/educ/wche/declaration_spa.htm [Consulta: 2014, mayo, 26].

UNESCO (2008) **Declaración Mundial sobre la Educación Superior en el Siglo XXI: visión y acción y marco de acción prioritaria para el cambio y el desarrollo de la educación superior** [artículo en línea] disponible en:http://www.unesco.org/education/educprog/wche/declaration_spa.ht m [Consulta: 2015, junio, 26].

UNESCO (2013) **Declaración Mundial sobre la Educación Superior en el Siglo XXI: visión y acción y marco de acción prioritaria para el cambio y el desarrollo de la educación superior II** [artículo en línea] disponible:http://www.unesco.org/education/educprog/wche/declaratio n_spa.htmp [Consulta: 2014, Julio, 18].

Valbuena y Col. (2010). **El Conocimiento Didáctico Del Contenido Biológico: Estudio De Las Concepciones Disciplinares Y Didácticas De Futuros Docentes De La Universidad Pedagógica Nacional (Colombia).** Universidad Complutense De Madrid.

Valeiras y Meinardi (2007).**Enseñanzas de las Ciencias, Perspectivas Iberoamericanas.** Revistas de Pedagogía. Argentina.

Villegas, (2010). **Red de Investigación de la Transcomplejidad.** UBA.

Von Foerster (2002). **Enfoques y Lineamientos Disciplinares en Educación**. Barcelona: España.

ANEXOS

Anexo A

CUESTIONARIOS

**REPÚBLICA BOLIVARIANA DE VENEZUELA
UNIVERSIDAD BICENTENARIA DE ARAGUA
VICERRECTORADO ACADÉMICO
DECANATO DE INVESTIGACIÓN, EXTENSIÓN Y POSTGRADO
SAN JOAQUIN DE TURMERO- ESTADO ARAGUA**

CUESTIONARIO PARA DOCENTES EN FORMACIÓN DE CIENCIAS NATURALES

Estimado Participante

El presente Cuestionario tiene como propósito hacer un diagnóstico de la visión de las Ciencias Naturales que tienen los estudiantes que ha cursado o están cursando los Cursos Fundamentos de Química, Fundamentos de Física y Fundamentos de Biología. En tal sentido, le agradezco la mayor sinceridad posible al responder, ya que la información que se obtenga será utilizada sólo con fines de investigación.

Parte I. Datos Sociodemográfico

Instrucciones

A continuación, se le formulan una serie de interrogantes relacionadas con sus condiciones sociodemográfica. Marque con una X la alternativa que mejor se acerca a sus características.

1. Genero

   ( ) Masculino

   ( ) Femenino

2. Edad

   ( ) Menos de 25 años

   ( ) De 25 a 30 años

   ( ) De 31 a 35 años

   ( ) Más de 35 años

3. Experiencia Docente

   ( ) Ninguna

   ( ) Menos de 1 año

   ( ) De 1 a 3 años

(   ) Más de 3 años

Parte II. Variables

Instrucciones

A continuación se anuncian una serie de planteamientos con alternativas de respuestas cerradas tipo escala, en las cuales debe marcar con una equis (X) la alternativa que considere pertinente según su opinión: Totalmente de Acuerdo (TDA), De Acuerdo (DA), Ni de Acuerdo ni en Desacuerdo(A/D), En Desacuerdo(ED) y Totalmente en Desacuerdo (TED). Seleccione en cada uno de os enunciados solo una de las opciones presentadas.

Estudiante. De la Asignatura: _______________________

Alternativas

Nro. Ítems	Preguntas	TDA	DA	A/D	ED	TED
1	¿La formación del profesor Biología es integradora?					
2	¿La experiencia de los docentes de Biología es suficiente para garantizar la comprensión de la misma?					
3	¿Los docenes de biología manifiestan una visión integradora de las ciencias naturales?					
4	¿El profesor enfoca el curso Fundamentos de Biología enfoca desde la perspectiva trarsdisciplinaria?					
5	¿El profesor enfoca el curso Fundamentos de Física desde la perspectiva transdisciplinaria?					
6	¿El profesor enfoca el curso Fundamentos de Química desde la perspectiva transdisciplinaria?					
7	¿EL profesor de Fundamentos de Física interrelaciona los conocimientos biofisicoquímicos con la realidad circundante?					
8	¿EL profesor de Fundamentos de Química interrelaciona los conocimientos biofisicoquímicos con la realidad circundante?					
9	¿EL profesor de Fundamentos de Biología interrelaciona los conocimientos biofisicoquímicos con la realidad circundante?					
10	¿La formación del estudiante es transdisciplinaria?					

N°	Pregunta					
11	¿La formación del estudiante se fundamenta en una visión integrada de las Ciencias Naturales?					
12	¿Cómo futuro docente de Biología tienes como hábito vincular el estudio de esta ciencia con otras disciplinas?					
13	¿En sus estudios de Biología vincula los conocimientos científicos previos con los nuevos?					
14	¿La enseñanza de la Biología requiere de la integración con otras ciencias?					
15	¿En la enseñanza del curso Fundamentos de Física, se vincula la realidad científica?					
16	¿En la enseñanza del curso Fundamentos de Química, se vincula la realidad científica?					
17	¿En la enseñanza del curso Fundamentos de Biología, se vincula la realidad científica?					
18	¿La integración de conocimientos biofisicoquímicos se vinculan con la enseñanza científica actual?					
19	¿El profesor utiliza las estrategias diversas para enseñar Ciencias Naturales?					
20	¿El programa del curso Fundamentos de Química está fundamentados en una visión de integración?					
21	¿El programa del curso Fundamentos de Biología está fundamentados en una visión de integración?					
22	¿El programa del curso Fundamentos de Física está fundamentados en una visión de integración?					
23	¿Los programas de los cursos Fundamentos de Química, Fundamentos de Física y Fundamentos de Biología se vinculan para comprender integralmente los procesos biológicos?					
24	¿La infraestructura del Departamento de Biología es la adecuada para la enseñanza de los conocimientos científicos?					
25	¿El laboratorio donde se facilita la asignatura Fundamentos de Física, está dotado de los implementos necesarios para integrar los conocimientos científicos?					
26	¿El laboratorio donde se facilita la asignatura Fundamentos de Química, está dotado de los implementos necesarios para integrar los conocimientos científicos?					

27	¿El laboratorio donde se facilita la asignatura Fundamentos de Biología, está dotado de los implementos necesarios para integrar los conocimientos científicos?					
28	¿La estructura organizativa de los laboratorios donde se facilitan las Ciencias Naturales garantiza la adecuada integración de los conocimientos científicos?					
29	¿La presencia de laboratorios en el Departamento de Biología es un mecanismo que permite despertar el interés en los estudiantes por estudiar Ciencias Naturales?					
30	¿La dotación de materiales en el laboratorio donde se facilita la asignatura Fundamentos de Química, es la adecuada y necesaria para la integración teórico-práctica de los conocimientos?					
31	¿La cotación de materiales en el laboratorio donde se facilita la asignatura Fundamentos de Biología, es la adecuada y necesaria para la integración teórico-práctica de los conocimientos?					
32	¿La dotación de materiales en el laboratorio donde se facilita la asignatura Fundamentos de Física, es la adecuada y necesaria para la integración teórico-práctica de los conocimientos?					
33	¿La realidad socioeducativa actual impacta positivamente en la enseñanza científica?					
34	¿El profesor de Biología vincula los conocimientos científicos con la realidad social actual?					
35	¿El profesor de Biología en la actualidad cumple con las políticas educativas sobre la integración de las ciencias?					
36	¿Las políticas educativas actuales promueven una visión integradora de la formación docente?					

Anexo B

ENTREVISTAS

UNIVERSIDAD BICENTENARIA DE ARAGUA
VICERRECTORADO ACADÉMICO
DECANATO DE INVESTIGACIÓN, EXTENSIÓN Y POSTGRADO
DOCTORADO EN CIENCIAS DE LA EDUCACIÓN
SAN JOAQUÍN DE TURMERO- ESTADO ARAGUA

LAS CIENCIAS NATURALES EN EL CONTEXTO DE LA FORMACIÓN DOCENTE. UNA VISIÓN DE INTEGRACIÓN

GUIÓN DE ENTREVISTA

DIRIGIDO AL PERSONAL DOCENTE

DATOS DEL ENTREVISTADO	
Nombres y Apellidos	
Pseudonimo	
Sexo	
Edad	
Formación	
Años de Servicio	
Asignatura	
Tiempo Impartiendo la Asignatura	

1. ¿Qué experiencia tiene en la enseñanza integral de las ciencias?

2. ¿Cree pertinente integrar contenidos de la Física y la Química para enseñar la biología? ¿Por qué? y ¿Para qué?

3. ¿Considera que el programa de Fundamentos de Biología, Física y Química abordan los elementos necesarios para la formación integral del futuro docente?
4. ¿Cuándo inicia su clase y aborda las unidades programáticas toma en cuenta los saberes previos que tiene cada estudiante? ¿Por qué? Y ¿para qué?
5. ¿Vincula los contenidos programáticos de la asignatura con la realidad social? ¿Cómo? y ¿Por qué?

UNIVERSIDAD BICENTENARIA DE ARAGUA
VICERRECTORADO ACADÉMICO
DECANATO DE INVESTIGACIÓN, EXTENSIÓN Y POSTGRADO
DOCTORADO EN CIENCIAS DE LA EDUCACIÓN
SAN JOAQUÍN DE TURMERO- ESTADO ARAGUA

LAS CIENCIAS NATURALES EN EL CONTEXTO DE LA FORMACIÓN DOCENTE. UNA VISIÓN DE INTEGRACIÓN

GUIÓN DE ENTREVISTA

DIRIGIDO A ESTUDIANTES QUE YA CURSARON

DATOS DEL ENTREVISTADO	
NOMBRES Y APELLIDOS	
PSEUDONIMO	
SEXO	
EDAD	
SEMESTRE	
ASIGNATURA	

1. ¿Cuándo cursaste Fundamentos de Biología, Física y química tu profesor interrelaciono la teoría y la práctica? ¿Cómo? ¿Para qué? y ¿Por qué?

2. ¿crees que tu profesor de Fundamentos de Biología, Física y Química puso en práctica la transdisciplinariedad para comprender los procesos biológicos? ¿Cómo? y en ¿Cuál temática?

3. ¿De qué forma facilitaron los docentes de Fundamentos de Biología, Física y Química su asignatura? ¿Cómo era su praxis pedagógica? ¿Utilizó estrategias? ¿Cuáles?

4. ¿Durante las clases pudiste interrelacionar los conocimientos previos con los que facilitó el docente? ¿Cómo? y ¿Para qué?

5. ¿Considera necesario para tu formación como futuro docente que se integren los conocimientos de Fundamentos de Biología, Física y Química para comprender las ciencias naturales? ¿Por qué? y ¿Para qué?

UNIVERSIDAD BICENTENARIA DE ARAGUA
VICERRECTORADO ACADÉMICO
DECANATO DE INVESTIGACIÓN, EXTENSIÓN Y POSTGRADO
DOCTORADO EN CIENCIAS DE LA EDUCACIÓN
SAN JOAQUÍN DE TURMERO- ESTADO ARAGUA

LAS CIENCIAS NATURALES EN EL CONTEXTO DE LA FORMACIÓN DOCENTE. UNA VISIÓN DE INTEGRACIÓN

GUIÓN DE ENTREVISTA

DIRIGIDO A ESTUDIANTES CURSANTES

DATOS DEL ENTREVISTADO	
NOMBRES Y APELLIDOS	
PSEUDONIMO	
SEXO	
EDAD	
SEMESTRE	
ASIGNATURA	

1. ¿Cree importante que dentro de tu formación como futuro docente se integre la Biología la Física y la química? ¿Por qué? ¿Para qué? ¿Cómo?

2. ¿Crees que los estudiantes de Biología necesitan conocer más sobre la integración de las ciencias para comprender los procesos biológicos? ¿Por qué? ¿Para qué?

3. ¿Durante las clases de Fundamentos de Biología, Física y Química su profesor realizó analogías con la realidad? ¿Cómo? y ¿Por qué?

4. ¿Crees que la enseñanza de las ciencias naturales es transdisciplinaria? ¿Por qué? y ¿cómo?

5. ¿Durante las clases de Fundamentos de Biología, Física y Química interrelacionan los conocimientos previos con los que está facilitando su profesor? ¿Cómo? ¿Por qué? y ¿Para qué?

I want morebooks!

Buy your books fast and straightforward online - at one of world's fastest growing online book stores! Environmentally sound due to Print-on-Demand technologies.

Buy your books online at
www.morebooks.shop

¡Compre sus libros rápido y directo en internet, en una de las librerías en línea con mayor crecimiento en el mundo! Producción que protege el medio ambiente a través de las tecnologías de impresión bajo demanda.

Compre sus libros online en
www.morebooks.shop

Printed by Books on Demand GmbH, Norderstedt / Germany